FORSCHUNGSBERICHT DES LANDES NORDRHEIN-WESTFALEN

Nr. 2932/Fachgruppe Elektrotechnik/Optik

Herausgegeben vom Minister für Wissenschaft und Forschung

Prof. Dr.-Ing. Herbert Manfred Schaedel
Fachbereich Nachrichtentechnik
der Fachhochschule Köln
Institut für Regelungstechnik

Erweiterung der Bandbreite
von fluidischen Operationsverstärkern
für die Meß- und Regelungstechnik
durch den Einsatz spezieller
Phasenkompensationsnetzwerke

Westdeutscher Verlag 1980

CIP-Kurztitelaufnahme der Deutschen Bibliothek

Schaedel, Herbert M.:
Erweiterung der Bandbreite von fluidischen
Operationsverstarkern fur die Mess- und Rege-
lungstechnik durch den Einsatz spezieller
Phasenkompensationsnetzwerke / Herbert Manfred
Schaedel. - Opladen : Westdeutscher Verlag,
1980.

(Forschungsberichte des Landes Nordrhein-
Westfalen ; Nr. 2932 : Fachgruppe Elektro-
technik, Optik)
ISBN-13 978-3-531-02932-0   e-ISBN-13 978-3-322-88481-7
DOI 10 1007/978-3-322-88481-7

© 1980 by Westdeutscher Verlag GmbH, Opladen
Gesamtherstellung: Westdeutscher Verlag

ISBN-13: 978-3-531-02932-0

Vorwort

Seit dem Jahre 1971 wird im Institut für Regelungstechnik des Fachbereichs Nachrichtentechnik der Fachhochschule Köln auf dem Gebiet der fluidischen Netzwerke gearbeitet. Sinn dieser Arbeiten ist es, die Methoden der elektrischen Nachrichtentechnik zur Berechnung fluidischer Netzwerke nutzbar zu machen.

Mit dem Wintersemester 1975/76 begannen Untersuchungen, die sich mit der Schaltungstechnik fluidischer Operationsverstärker für die Meß- und Regelungstechnik beschäftigen. Hierbei traten alsbald Probleme der Bandbreite für Klein- als auch Großsignalaussteuerung und des Rauschens auf.

In den Jahren 1978/79 wurden die Arbeiten, die sich mit der Erweiterung der Bandbreite beschäftigen, durch den Minister für Wissenschaft und Forschung des Landes Nordrheinwestfalen mit Sachmitteln gefordert. Hierfür sei nachdrücklich gedankt.

Alle Arbeiten wurden innerhalb von Abschlußarbeiten von Studenten durchgeführt. Ich möchte bei dieser Gelegenheit allen diesen Studenten, die mit sehr viel Begeisterung mitgearbeitet haben, und ohne die diese Arbeiten nie möglich gewesen wären, herzlich danken.

Die Anfertigung der zahlreichen Vesuchsmodelle oblag Herrn Mechanikermeister Helmut Kunze, der an der erfolgreichen Durchführung durch seine tatkräftige Hilfe und sein persönliches Engagement großen Anteil hat.

Die Reinschrift des Berichtes wurde von Frau Rosmarie Geiseler ausgeführt, der für ihre große Sorgfalt und Mühe gedankt sei.

Im Herbst 1979   Prof.Dr.-Ing.H.M.Schaedel

Inhalt

1.	Einleitung	1
2.	Der fluidische Operationsverstärker AM12B	2
3.	Optimale Phasenkompensation mit Lag- und Lag-Lead-Gliedern	4
3.1	Der Frequenzgang des Proportionalverstärkers mit Phasenkompensationsnetzwerk	5
3.2	Dimensionierungsregeln für optimale Lag-Kompensation	7
3.3	Dimensionierungsregeln für optimale Lag-Lead-Kompensation	9
3.4	Vergleich der Amplitudengänge für optimale Lag- und Lag-Lead-Phasenkompensation	11
3.5	Großsignalbandbreite phasenkompensierter Proportionalverstärker	13
4.	Die Realisierung des Lag-Lead-Gliedes	14
4.1	Induktivitätsarme fluidische Widerstände aus Metallnetzen	14
4.1.1	Gleichstromwiderstand des Metallnetzes	15
4.1.2	Wechselstromwiderstand des Metallnetzes	17
4.2	Frequenzgang des Lag-Lead-Gliedes	20
5.	Experimentelle Untersuchungen am phasenkompensierten Proportionalverstärker	21
5.1	Experimenteller Aufbau	21
5.2	Dynamische Untersuchungen	22
6.	Literaturverzeichnis	24
7.	Bildanhang	25

1. Einleitung

Durch Hintereinanderschalten mehrerer analoger Verstärkerstufen lassen sich in der Fluidik Operationverstärker realisieren, die ähnliche Vorteile bieten wie die Operationsverstärker der Elektronik. Hohe Leerlaufdruckverstärkungen von ca. 2000 ermöglichen Verstärker- und Reglerschaltungen, deren Übertragungsverhalten nur durch die äußere Beschaltung bestimmt wird.

Die vorliegende Arbeit beschäftigt sich mit fünfstufigen Strahlablenkverstärkern mit turbulenten Freistrahlen. Da diese Elemente keine bewegten mechanischen Teile beinhalten, lassen sich Frequenzen von mehr als 1 kHz verarbeiten, ohne daß ein nennenswerter Amplitudenabfall auftritt. Aufgrund der endlichen Signalgeschwindigkeit in den Strahlen der einzelnen Stufen kann dem Operationsverstärker eine Totzeit im Übertragungsverhalten zugeordnet werden, die eine mit der Frequenz ansteigende Phasendrehung zwischen Ausgang und Eingang verursacht. Es gibt daher eine Frequenz, bei der Ausgangs- und Eingangssignal um $360°$ verschoben sind. Um ein Schwingen des gegengekoppelten Operationsverstärkers zu vermeiden, muß daher Sorge getragen werden, daß der Betrag der Schleifenverstärkung für diese Frequenz kleiner als 1 ist. Hierzu wird ein Kompensationsnetzwerk in die Schaltung eingefügt, das dies bewerkstelligt. Bisher wird dies durch eine Tiefpaßanordnung 1. Ordnung erreicht. An den Ausgang des Operationsverstärkers wird ein Volumen als Kapazität geschaltet, die zusammen mit dem Innenwiderstand des Verstärkers ein RC-Glied bildet.

Durch diese Maßnahme wird die Grenzfrequenz der gesamten Anordnung für Kleinsignalaussteuerung auf 200 bis 300 Hz herabgedrückt. Die Grenzfrequenz für Großsignalaussteuerung geht gar auf einige Hz herunter. Oberhalb dieser Frquenz sinkt die zulässige Eingangsamplitude umgekehrt proportional mit der Frequenz des Eingangssignales. Signale, die größer als die zulässige Eingangsamplitude sind, bewirken eine Sättigung der gesamten Anordnung.

Um diese erhebliche Einschränkung der Arbeitsbandbreite zu verringern, wurde nach der Realisierung von Phasenkompensationsnetzwerken gesucht, die die Absenkung des Amplitudenganges auf das notwendige Maß beschränken und die eine unnötige zusätzliche Phasendrehung vermeiden. Als aussichtsreichste Netzwerke boten sich Lag-Lead-Glieder an, die durch Einfügen eines einzelnen Widerstandes in die konventionellen Netzwerke aufgebaut werden konnten. Da jedoch sehr hohe Anforderungen an diesen Widerstand in Bezug auf einen geringen induktiven Anteil gestellt werden, ergaben sich allein bei der Verwirklichung dieses Bauteiles große technologische und meßtechnische Probleme.

Um die Vorgänge im Netzwerk einer nachrichtentechnischen Betrachtung zugänglich zu machen und damit die Methoden der Nachrichtentechnik anwenden zu können, wird von Anfang an mit der elektrisch-fluidischen Analogie gearbeitet. Druck und Massenstrom in der Fluidik werden analog den Netzwerkgrößen Spannung und Strom in der Elektrotechnik gewählt. Dementsprechend lassen sich die fluidischen Bauelemente Widerstand, Induktivität und Kapazität definieren. Eine ausführliche Einführung wird in /2/ geboten.

2. Der fluidische Operationsverstärker AM12B /1,2/

Bei dem verwendeten fluidischen Operationsverstärker AM12B der Firma General Electric bzw. Tritec handelt es sich um einen fünfstufigen Strahlablenkverstärker mit turbulenten Freistrahlen. Eine Skizze einer einzelnen Stufe ist in Bild 2.1 gegeben. Ein Leistungsstrahl tritt aus der Versorgungsdüse aus und wird von den Empfängerdüsen aufgenommen, in denen er die Drucksignale p_{A1} und p_{A2} erzeugt. Eine Druckdifferenz zwischen den Eingangssignalen p_{E1} und p_{E2} verursacht eine Strahlablenkung und so eine Druckdifferenz zwischen p_{A1} und p_{A2}.

Die Ersatzschaltung des Operationsverstärkers ist in Bild 2.2a gegeben. Es handelt sich um einen symmetrischen Differenzverstärker. Die frequenzabhängige Leerlaufdruckverstärkung $A(\omega)$ kann annähernd durch

$$(2.1) \quad A(\omega) = A_0 e^{-j\omega T_t}$$

beschrieben werden, wobei A_0 die Gleichstrom- oder Niederfrequenz-Leerlaufdruckverstärkung und T_t die Totzeit ist, die durch die Signallaufzeit in den Freistrahlen hervorgerufen wird. Oberhalb von etwa 1,5 kHz bis 2 kHz muß noch die Trägheit der Strahlen berücksichtigt werden, was zu einem Verstärkungsabfall höherer Ordnung führt /2/.

Die Gleichstrom-Leerlaufdruckverstärkung ist eine Funktion des Versorgungsdruckes p_V und des Eingangsgleichdruckes $\bar{p}_i$. Bild 2.3 zeigt die Druckübertragungskennlinien zweier Operationsverstärker (1) und (2) bei einem Versorgungsdruck von 700 mbar. In Bild 2.4 ist die Leerlaufdruckverstärkung bei Gleichstrom in Abhängigkeit von Versorgungsdruck und Eingangsgleichdruck aufgetragen. Die größte Verstärkung findet sich bei einem Versorgungsdruck von etwa 700 mbar. Mit wachsendem Eingangsgleichdruck fällt die Druckverstärkung. Für den optimalen Versorgungsdruck von 700 mbar ist diese Abhängigkeit Bild 2.5 zu entnehmen.

Der Betrag der Totzeit T_t im Operationsverstärker AM12B wird durch das Datenblatt von General Electric und Tritec /1/ mit $5{,}5 \cdot 10^{-4}$s angegeben. Dies entspricht einer Phasendrehung von 0,198 grad pro Hz. Mit Hilfe eines Korrelationsmeßplatzes wurde die Totzeit im Operationsverstärker in Abhängigkeit von der Frequenz gemessen /6/. Bild 2.6 zeigt den ermittelten Zusammenhang für den Meßaufbau. Hieraus erhält man die Phasendrehung der Meßanordnung in Bild 2.7a. Die Druckaufnehmer am Ein- und Ausgang waren jeweils in einer Entfernung von 27,5 mm in den Zuleitungen zu den Verstärkerlaminaten angebracht. Wenn man die Phasendrehung auf den Zuleitungen (Bild 2.7b) abzieht, wird die Phasendrehung des Operationsverstärkers alleine (Bild 2.7c)

$$(2.2) \quad \frac{\Delta\varphi}{\text{Grad}} = 0{,}166 \left(\frac{f}{\text{Hz}}\right) - 5{,}5 \cdot 10^{-5} \left(\frac{f}{\text{Hz}}\right)^2$$

und entsprechend die Totzeit im Operationsverstärker

$$(2.3) \quad \frac{T_t}{s} = 4{,}61 \cdot 10^{-4} - 1{,}53 \cdot 10^{-7} \left(\frac{f}{\text{Hz}}\right).$$

Für die dynamischen Betrachtungen muß der dynamische Eingangswiderstand r_i bestimmt werden. Hierzu werden die Eingangskennlinien für den Gegentaktbetrieb aufgenommen. Bild 2.8a zeigt die statische Eingangskennlinie ($\Delta p_i = 0$) und die dynamischen Kennlinien für Gegentaktbetrieb (gepunktet). Die Gegentaktkennlinie erhält man, wenn man den Druck eines Eingangskanales erhöht und den Druck des anderen Eingangskanales um den gleichen Betrag erniedrigt, wobei der Mittelwert der beiden auf einem vorgegebenen Niveau, dem Gleichtaktdruck, gehalten wird. In Bild 2.8b ist dies als vergrößerter Ausschnitt von 2.8a angedeutet. Wenn bei einem Eingangsdruck von $\overline{p_i} = 6$ mbar der Druck um $\Delta p_i = +0,15$ mbar erhöht wird, liegt der entsprechende Punkt der Gegentaktkennlinie (gestrichelt) gleichzeitig auf der statischen Kennlinie für konstanten Differenzdruck $\Delta p_i = +0,15$ mbar.

In Bild 2.9 ist die Meßanordnung zu sehen. Die aus Bild 2.8 entnommenen Werte für den dynamischen Eingangswiderstand r_i sind in Tafel I für verschiedene Eingangsgleichdrucke $\overline{p_i}$ eingetragen.

Tabelle I

$\dfrac{\overline{p_i}}{\text{mbar}}$	$\dfrac{r_i}{1/\text{sm}}$
4	$1,83 \cdot 10^8$
6	$1,74 \cdot 10^8$
8	$1,76 \cdot 10^8$
10	$1,73 \cdot 10^8$
12	$1,90 \cdot 10^8$
14	$1,78 \cdot 10^8$
16	$1,72 \cdot 10^8$

Aus den Ergebnissen ist kein deutlicher Zusammenhang zwischen Eingangswiderstand r_i und Eingangsgleichdruck $\overline{p_i}$ zu erkennen. Die Streuung der Werte ist hauptsächlich durch die Ungenauigkeit des Meßverfahrens bei sehr kleinen Druck- und Massenstromänderungen verursacht. Für die nachfolgenden Berechnungen wird daher ein

Maximalwert $r_{i\,max} = 1,9 \cdot 10^8 (\text{sm})^{-1}$

und ein

Minimalwert $r_{i\,min} = 1,7 \cdot 10^8 (\text{sm})^{-1}$

für den dynamischen Eingangswiderstand herangezogen.

Der dynamische Ausgangswiderstand r_0 kann dem Ausgangskennlinienfeld in Bild 2.10 im jeweiligen Arbeitspunkt für Kleinsignalaussteuerung entnommen werden. Aus den Änderungen des Ausgangsdruckes und der dazugehörigen Änderung des Ausgangsmassenstromes folgt der dynamische Ausgangswiderstand zu

$$(2.4) \quad r_0 = \left. \frac{\delta p_A}{\delta p_i} \right|_{AP}$$

Der Arbeitspunkt wird durch den Lastwiderstand r_L bestimmt. In unseren Untersuchungen wurden Düsen mit einem Durchmesser von 0,5 mm bzw. 0,6 mm eingesetzt. Im Falle des gegengekoppelten Operationsverstärkers wird der Arbeitspunkt des Ausganges ebenfalls durch den Lastwiderstand bestimmt. Der Einfluß der weiteren Beschaltungswiderstände r_1 und r_2 kann bei den gewählten Dimensionierungen vernachlässigt werden. Unter dem Einfluß des Eingangsdifferenzdruckes p_i ändert sich der Ausgangswiderstand wie aus Bild 2.10 zu ersehen. Der Eingangsgleichdruck wurde bei den dynamischen Messungen zu $\bar{p}_i$ = 5 mbar gewählt, da für diesen Wert der Nullpunktfehler verschwindet und so ein Ausgangsdifferenzdruck von 0 mbar bei verschwindendem Eingangsdifferenzdruck zu erzielen ist. Für die nachfolgenden rechnerischen Betrachtungen wird mit einem

Maximalwert $r_{Omax} = 12{,}1 \cdot 10^8 (sm)^{-1}$

und einem
Minimalwert $r_{Omin} = 9{,}9 \cdot 10^8 (sm)^{-1}$

gearbeitet.

3. Optimale Phasenkompensation mit Lag- und mit Lag-Lead-Gliedern /2/

In Bild 3.1 ist die Schaltung eines Operationsverstärkers als Proportionalverstärker gegeben. Über externe Widerstände r_1 und r_2 wird der Verstärkungsfaktor eingestellt. r_C und C dienen zur Phasenkompensation.

Unter der Annahme einer Phasendrehung in den Freistrahlen von 0,2 Grad pro Hz (s. Herstellerangabe in Kapitel 2) würde bei einer Frequenz von 900 Hz eine Phasennacheilung von 180° durch die Totzeit erreicht. Zusammen mit der Phasendrehung von 180° zwischen Ein- und Ausgang des Verstärkers aufgrund der geometrischen Anordnung betrüge die gesamte Phasennacheilung 360°. Ohne zusätzliches Phasenkompensationsnetzwerk kann daher die Schaltung bei einer Frequenz von 900 Hz schwingen, wenn nicht dafür Sorge getragen wird, daß die Verstärkung des offenen Kreises bei der kritischen Frequenz von 900 Hz kleiner als 1 ist. Dies läßt sich im allgemeinen nur für sehr große Verhältnisse r_2/r_1, d.h. sehr große Verstärkungen, erreichen.

Der übliche Weg ist jedoch, ein Tiefpaßglied 1. Ordnung in den Kreis einzufügen (Lag-Kompensation). Dies geschieht durch einen in den Ausgang geschalteten Kondensator, der zusammen mit dem Ausgangswiderstand r_O des Operationsverstärkers einen Tiefpaß bildet. Die Eckfrequenz dieses Tiefpaßfilters muß so gewählt werden, daß für den Betrag 1 der Verstärkung des aufgetrennten Kreises ein Phasenrand bzw. eine Phasenreserve von 40° bis etwa 60° existiert.

Bild 3.2 zeigt die Ersatzschaltung der Operationsverstärkerschaltung. Für Lag-Kompensation muß der Widerstand r_C zu Null gesetzt werden. Der Nachteil der Lag-Kompensation ist, daß außer der Absenkung des Betrages der Schleifenverstärkung der Tiefpaß eine zusätzliche Phasennacheilung von maximal 90° in den Kreis einbringt. Durch Hinzufügen des Widerstandes r_C kann ein PD-Anteil erzielt werden, der die Phasennacheilung des Tiefpaßgliedes für hohe Frequenzen durch eine Phasenvoreilung von 90° aufhebt. Auf diese Weise wird eine höhere Eckfrequenz des Tiefpaßgliedes für einen vorgegebenen Phasenrand erreicht. Für den geschlossenen Kreis bedeutet dies eine Erhöhung der Bandbreite.

3.1 Der Frequenzgang des Proportionalverstärkers mit Phasenkompensationsnetzwerk

Zur Bezeichnung der Widerstände werden kleine Buchstaben gewählt, um zu zeigen, daß nur dynamische Widerstände betrachtet werden sollen.

Für die Massenstromknoten 1 und 2 erhalten wir die Gleichungen

(3.1) $\dot{m}_1 + \dot{m}_2 - \dot{m}_E = 0$

(3.2) $\dot{m}_0 - \dot{m}_2 - \dot{m}_C = 0$

Aus der Druckquelle $-A\,\Delta p_i$ mit dem Innenwiderstand r_0 und dem Lastwiderstand r_L wird eine äquivalente Druckquelle nach Bild 3.3 berechnet, deren Größen durch

(3.3) $r_0' = r_0 \dfrac{1}{1+r_0/r_L}$

und

(3.4) $A' = A \dfrac{1}{1+r_0/r_L}$

bestimmt sind. Durch diese Maßnahme wird der Aufwand bei der Berechnung des gesamten Netzwerkes vermindert.

Indem man die Massenströme in den Gleichungen (3.1) und (3.2) durch die entsprechenden Druckabfälle und Widerstände ausdrückt, erhält man

(3.5) $\dfrac{\Delta p_E - \Delta p_I}{2r_1} + \dfrac{\Delta p_A - \Delta p_I}{2r_2} - \dfrac{\Delta p_I}{2r_E} = 0$

(3.6) $\dfrac{\Delta p_i \cdot A' - \Delta p_A}{2r_0'} - \dfrac{\Delta p_A - \Delta p_I}{2r_1} - \dfrac{\Delta p_A}{2\left(\frac{1}{j\omega C} + r_C\right)} = 0$.

Unter der Annahme, daß

$$\dfrac{r_0}{r_2} \ll 1$$

folgt der Frequenzgang des geschlossenen Systems zu

(3.7) $F(j\omega) = -\dfrac{\frac{r_2}{r_1}}{1 + \frac{r_2}{r_1} + \frac{r_2}{r_E}} \cdot \dfrac{1}{\dfrac{1}{1 + \frac{r_2}{r_1} + \frac{r_2}{r_E}} + \dfrac{1 + j\omega C\,(r_C + r_0')}{A_0'\,e^{-j\omega T t}\,(1 + j\omega C\,r_C)}}$

In der Ersatzschaltung nach Bild 3.2 wurde noch nicht berücksichtigt, daß in den Beschaltungswiderständen und den Verbindungsleitungen Signallaufzeiten auftreten. Dem Pfad vom Meßpunkt E bis zum Knotenpunkt 1 wird die Länge l_1, dem Gegenkopplungspfad von 2 nach 1 die Länge l_2 und dem Pfad von den Knotenpunkten 1 und 2 zu den Operationsverstärkerlaminaten die Länge l_0 zugeordnet. Diesen Pfaden kann jeweils eine Signallaufzeit zugeordnet werden. Nachfolgend ist eine Zusammenstellung der einzelnen Pfaden mit Länge und entsprechender Laufzeit zu finden. Hierbei wurde als Signalgeschwindigkeit mit der Schallgeschwindigkeit im freien Raum von 346 m/s bei einer Temperatur von 24° C gerechnet.

Tabelle II. Signallaufzeiten in den Beschaltungselementen

l_1 = 58 mm	T_1 = 0,167 ms
l_2 = 62 mm	T_2 = 0,179 ms
l_0 = 18 mm	T_0 = 0,052 ms

Die Signallaufzeit T_0 muß zur Totzeit des Operationsverstärkers addiert werden, sodaß sich

$$(3.8) \quad \frac{T_t'}{s} = 5{,}13 \cdot 10^{-4} - 1{,}53 \cdot 10^{-7} \left(\frac{f}{Hz}\right)$$

ergibt.

Im Knotenpunkt 1 werden die Massenströme aus den Widerständen r_1 und r_2 summiert. Die Ströme bestimmen sich aus den Druckabfällen über den Widerständen und den Widerstandswerten. Im Signalflußplan (Bild 3.4) kann der Widerstand daher als Reihenschaltung eines Proportionalgliedes mit dem Beiwert $1/r$ und eines Totzeitgliedes betrachtet werden. Eingangsgröße der Anordnung ist der Druck und Ausgangsgröße der Massenstrom. Zur genauen Berechnung müssen daher

der Widerstand r_1 durch $r_1 e^{j\omega T_1}$

und

der Widerstand r_2 durch $r_2 e^{j\omega T_2}$

ersetzt werden. Die geringen Unterschiede zwischen T_1 und T_2 können hierbei vernachlässigt werden. Mit

$$\frac{r_2 e^{j\omega T_2}}{r_1 e^{j\omega T_1}} \approx \frac{r_2}{r_1}$$

folgt dann der Frequenzgang der Proportionalverstärker-Schaltung zu

$$(3.9) \quad F(j\omega) = -\frac{\frac{r_2}{r_1}}{1 + \frac{r_2}{r_1} + \frac{r_2}{r_E} e^{j\omega T_2}} \cdot \frac{1}{\frac{1}{1 + \frac{r_2}{r_1} + \frac{r_2}{r_E} e^{j\omega T_2}} + \frac{1 + j\omega C(r_C + r_0')}{A_0' e^{-j\omega(T_t + T_0)}(1 + j\omega C r_C)}}$$

Die Verstärkung für tiefe Frequenzen erhält man hieraus zu

$$(3.10) \quad K_P = \frac{\frac{r_2}{r_1}}{1 + \frac{1}{A_0'}\left(1 + \frac{r_2}{r_1} + \frac{r_2}{r_E}\right)}$$

3.2 Dimensionierungsregeln für optimale Lag-Kompensation

Der aufgeschnittene Regelkreis für Lag-Kompensation ist in Bild 3.5 angegeben. Am Ende der Anordnung liegt die Parallelschaltung der Widerstände r_1 und r_E. Für die Stabilitätsbetrachtung kann der Eingang E auf $\Delta p_E = 0$ gelegt werden, da extern eingespeiste Größen für diese Betrachtung ohne Bedeutung sind.

Der Frequenzgang des aufgetrennten Kreises wird

$$(3.11) \quad F_0(j\omega) = -A^* e^{-j\omega(T_t + T_0)} \frac{1}{1+j\omega C\, r_0'}$$

mit

$$(3.12) \quad A^* = \frac{A_0'}{1 + \frac{r_2}{r_1} + \frac{r_2}{r_E} e^{j\omega T_2}} \;.$$

Für $r_E \ll r_1$ läßt sich die Näherung

$$(3.13) \quad 1 + \frac{r_2}{r_E} + \frac{r_2}{r_E} e^{j\omega T_2} \approx \left(1 + \frac{r_2}{r_1} + \frac{r_2}{r_E}\right) e^{j\omega T_2}$$

angeben. Damit wird dann

$$(3.14) \quad F_0(j\omega) = \frac{A_0'}{1 + \frac{r_2}{r_1} + \frac{r_2}{r_1}} e^{-j\omega(T_t + T_0 + T_2)} \frac{1}{1+j\omega C r_0'} \;.$$

Es liegt demnach die Reihenschaltung eines Proportionalgliedes, eines Totzeitgliedes und eines Verzögerungsgliedes 1. Ordnung vor (Bild 3.6). Die Kreisverstärkung für tiefe Frequenzen ist

$$(3.15) \quad A_0^* = \frac{A_0'}{1 + \frac{r_2}{r_1} + \frac{r_2}{r_E}}$$

Amplituden- und Phasengang folgen zu

$$(3.16) \quad |F(j\omega)| = \frac{A_0^*}{\sqrt{1 + \left(\frac{\omega}{\omega_1}\right)^2}}$$

mit

$$(3.17) \quad \omega_1 = \frac{1}{r_0' C}$$

und

$$(3.18) \quad \varphi_0 = -\omega(T_t + T_0 + T_2) - \arctan \frac{\omega}{\omega_1} \;.$$

Bei der Transitfrequenz f_T wird der Betrag der Schleifenverstärkung 1

$$(3.19) \quad |F_0(j\omega)|_{\omega=\omega_T} = \frac{A_0^{*2}}{\sqrt{1 + \left(\frac{\omega_T}{\omega_1}\right)^2}} = 1$$

woraus dann die Beziehung zwischen Transitfrequenz und Eckfrequenz zu

$$(3.20) \quad f_T = f_1 \sqrt{A_0^{*2} - 1}$$

folgt.
Den Phasenrand bzw. die Phasenreserve erhält man bei der Transitfrequenz zu

$$(3.21) \quad \alpha_R = 2\pi f_T (T_t + T_0 + T_2) - \arctan \sqrt{A_0^{*2} - 1} + \pi$$

$$= 2\pi f_1 (T_t + T_0 + T_2) \sqrt{A_0^{*2} - 1} - \arctan \sqrt{A_0^{*2} - 1} + \pi.$$

Bei der Frequenz f_x wird die Phasendrehung des offenen Kreises $-360°$. Die Definitionsgleichung lautet dann

$$(3.22) \quad 2\pi = 2\pi f_x (T_t + T_0 + T_2) + \arctan \frac{f_x}{f_1} + \pi$$

Unter der Annahme, daß der Beitrag des Tiefpaßgliedes bei der Frequenz f_x annähernd $\pi/2$ beträgt, folgt die $-360°$-Frequenz zu

$$(3.23) \quad f_x \approx \frac{1}{4(T_t + T_0 + T_2)}.$$

Der Amplitudenrand ergibt sich bei der $-360°$-Frequenz zu

$$(3.24) \quad A_R = \frac{\sqrt{1 + (f_x/f_1)^2}}{A_0^*}.$$

Unter der Verwendung der Ergebnisse von Chien, Hrones und Reswick /5,6/ über die optimale Einstellung von Reglern finden wir die nachfolgenden Dimensionierungsregeln:

Maximal 20% Überschwingen der Sprungantwort

$$(3.25) \quad f_1 = \frac{0.7}{2\pi A_0^* (T_t + T_0 + T_2)}$$

Aperiodische Sprungantwort

$$(3.26) \quad f_1 = \frac{0.3}{2\pi A_0^* (T_t + T_0 + T_2)}.$$

Da die Eckfrequenz in der Größenordnung von maximal einigen 10 Hz bei üblicher Beschaltung des Operationsverstärkers liegen kann, wird mit genügender Genauigkeit der frequenzabhängige Term der Totzeit nach Gl.(2.3) in diesem Bereich vernachlässigt. Mit den Werten für T_0 und T_2 nach Tabelle II beträgt dann der Fehler in der gesamten Totzeit bei 50 Hz etwa 1%.

Eigene Untersuchungen für eine maximale Abweichung von 1% im Amplitudengang bis 200 Hz ergaben

$$(3.27) \quad f_1 = \frac{0{,}5}{2\pi A_0 (T_t + T_0 + T_2)} \approx \frac{115}{A_0^*} \text{ Hz}.$$

Die Kompensationskapazität folgt dann mit Gl.(3.17) zu

$$(3.28) \quad C = \frac{A_0^* (T_t + T_0 + T_2)}{2 r_0}.$$

Der jeweilige Phasen- und Amplitudenrand in Abhängigkeit von der Kreisverstärkung für tiefe Frequenzen A_0^+ wird für den optimalen Fall nach Gl.(3.27)

$$(3.29) \quad \alpha_R = 0{,}5 \frac{\sqrt{A_0^{*2} - 1}}{A_0^*} - \arctan \sqrt{A_0^{-2} - 1} + \pi$$

und

$$(3.30) \quad A_R = \frac{\sqrt{1 + A_0^*/2}}{A_0^*}$$

Bild 3.7 zeigt den Phasenrand in Abhängigkeit vom Betrag der Schleifenverstärkung für tiefe Frequenzen A_0^+ für optimale Lag-Kompensation.

3.3 Dimensionierungsregeln für optimale Lag-Lead-Kompensation

Durch Einfügen des Kondensatorwiderstandes r_C in das Lag-Kompensationsnetzwerk wird ein PD-Anteil erzeugt, der eine Phasenvoreilung von maximal 90° beisteuert. Abb. 3.8 zeigt den aufgeschnittenen Regelkreis für Lag-Lead-Kompensation. Der Frequenzgang des aufgeschnittenen Kreises folgt zu

$$(3.31) \quad F_0(j\omega) = \frac{A_0'}{1 + \frac{r_2}{r_1} + \frac{r_2}{r_E} e^{j\omega T_2}} e^{-j\omega(T_t + T_0)} \frac{1 + j\omega C r_C}{1 + j\omega C (r_0 + r_C)}$$

Mit der Näherung nach Gl.(3.13)

$$1 + \frac{r_2}{r_1} + \frac{r_2}{r_E} e^{j\omega T_2} \approx \left(1 + \frac{r_2}{r_1} + \frac{r_2}{r_E}\right) e^{j\omega T_2}$$

für $r_E \ll r_1$ erhält man

$$(3.32) \quad F_0(j\omega) = \frac{A_0'}{1 + \frac{r_2}{r_1} + \frac{r_2}{r_E}} e^{-j\omega(T_t + T_0 + T_2)} \frac{1 + j\omega C r_C}{1 + j\omega C (r_0 + r_C)}$$

Daraus läßt sich ein Signalflußplan nach Bild 3.9 ableiten. Die gesamte Anordnung ist eine Reihenschaltung eines Proportionalgliedes, eines Totzeitgliedes, eines Verzögerungsgliedes 1. Ordnung und eines PD-Gliedes. Amplituden- und Phasengang sind durch

$$(3.33) \quad |F_0(j\omega)| = \frac{A_0'}{1 + \frac{r_2}{r_1} + \frac{r_2}{r_E}} \sqrt{\frac{1+(f/f_2)^2}{1+(f/f_1)^2}}$$

und

$$(3.34) \quad \varphi = \arctan(\frac{f}{f_2}) - \arctan(\frac{f}{f_1}) - 2\pi f(T_t + T_0 + T_2)$$

gegeben, wobei

$$(3.35) \quad f_1 = \frac{1}{2\pi C(r_0 + r_C)} \qquad \text{Eckfrequenz des Verzögerungsgliedes 1. Ordnung}$$

und

$$(3.36) \quad f_2 = \frac{1}{2\pi C r_C} \qquad \text{Eckfrequenz des PD-Gliedes}$$

mit $f_2 > f_1$

Die Phase des PD-Elementes wirkt der Phase des Verzögerungselementes entgegen. Für $f \gg f_2$ heben die beiden Phasendrehungen sich auf und der Amplitudengang geht gegen einen konstanten Wert

$$A_0^* \frac{f_1}{f_2} = A_0^* \frac{r_C}{r_0 + r_C}$$

Für einen vorgegebenen Phasenrand kann daher die Eckfrequenz des Verzögerungselementes höher als bei einfacher Lag-Kompensation gewählt werden. Dies hat dann auch eine größere Bandbreite bei geschlossenem Kreis zur Folge. Die Transitfrequenz f_T, bei der der Betrag der Schleifenverstärkung gleich 1 ist, folgt aus Gl.(3.33) zu

$$(3.37) \quad f_T = f_1 \sqrt{\frac{A_0^{*2} - 1}{1 - A_0^{*2}(f_1/f_2)^2}}.$$

Den Phasenrand findet man bei der Transitfrequenz f_T zu

$$(3.38) \quad \alpha_R = \pi - 2\pi f_T(T_t + T_0 + T_2) - \arctan\frac{f_T}{f_1} + \arctan\frac{f_T}{f_2}$$

Die Definitionsgleichung für die $-360°$-Frequenz f_x ergibt sich zu

$$(3.39) \quad 2\pi = \pi - 2\pi f_x(T_t + T_0 + T_2) - \arctan\frac{f_T}{f_1} + \arctan\frac{f_T}{f_2}$$

Den Amplitudenrand erhält man bei der $-360°$-Frequenz zu

$$(3.40) \quad A_R = \frac{1}{A_0^*} \sqrt{\frac{1+(f_x/f_1)^2}{1+(f_x/f_2)^2}}$$

Um diese vier Gleichungen (3.37) bis (3.40) zu lösen, wurde ein Programm für den Taschenrechner HP 97 entwickelt /4/. Die Untersuchungen zeigten, daß ein konstanter Amplitudengang bis 500 Hz erreicht werden kann /5,6/. Die Berechnungen wurden für eine maximale Betragsabweichung von 1% durchgeführt. Wenn wir den Phasenrand als Funktion der Schleifenverstärkung bei niedrigen Frequenzen A_0^+ aus Bild 3.7 nehmen, erweist sich die Eckfrequenz des PD-Gliedes als annähernd konstant

$$(3.41) \quad f_2 = 530{,}55 \, Hz$$

Die berechneten Eckfrequenzen f_1 und f_2 als Funktion von A_0^+ sind in Bild 3.10 aufgetragen. Die Eckfrequenz des Verzögerungsgliedes 1. Ordnung kann durch

$$(3.42) \quad f_1 = \frac{163{,}54}{A_0^{*\,0{,}965}} \, Hz$$

angenähert werden. Amplituden- und Phasenrand sind in Bild 3.11 als Funktion der Schleifenverstärkung A_0^+ gegeben. Aus den Gleichungen (3.41) und (3.42) können mit Hilfe der Gleichungen (3.35) und (3.36) die Werte für die Kompensationselemente r_C und C für einen optimalen Frequenzgang bestimmt werden.

$$(3.43) \quad r_C = \frac{r_0'}{3{,}24 \, A_0^{*\,0{,}965} - 1} \approx \frac{r_0'}{3{,}24 \, A_0^* - 1}$$

$$(3.44) \quad C = \frac{3{,}24 \, A_0^{*\,0{,}965} - 1}{2\pi f_2 r_0'} \approx \frac{3{,}24 \, A_0 - 1}{2\pi r_0' \, 531 \, s^{-1}}$$

3.4 Vergleich der Amplitudengänge für optimale Lag- und Lag-Lead-Phasenkompensation

Wenn man den Frequenzgang des Proportionalverstärkers auf das Widerstandsverhältnis r_2/r_1 bezieht, so erhält man einen normierten Frequenzgang, der sich als Funktion der Kreisverstärkung

$$A_0^* = \frac{A_0'}{1 + \frac{r_2}{r_1} + \frac{r_2}{r_E}}$$

darstellen läßt und somit unabhängig vom jeweils gewählten

Wert r_2/r_1 ist. Voraussetzung ist jedoch die Näherung nach Gl. (3.13). Der normierte Frequenzgang für Lag-Kompensation ist dann

$$(3.45) \qquad \frac{F(j\omega)}{-r_2/r_1} = \frac{1}{1 + \dfrac{1+j\omega/\omega_1}{A_0^* e^{-j\omega(T_t + T_0 + T_2)}}}$$

Entsprechend wird der normierte Frequenzgang für Lag-Lead-Kompensation

$$(3.46) \qquad \frac{F(j\omega)}{-r_2/r_1} = \frac{1}{1 + \dfrac{1+j\omega/\omega_1}{1+j\omega/\omega_2} \dfrac{1}{A_0^* e^{-j\omega(T_t + T_0 + T_2)}}}$$

mit
$$A_0^* = \frac{A_0'}{1 + \dfrac{r_2}{r_1} + \dfrac{r_2}{r_E}}$$

In Bild 3.12 a und b sind die Amplitudengänge nach den Vorschriften für optimalen Amplituden- und Phasenrand für Lag- und Lag-Lead-Kompensation mit der Kreisverstärkung A_0^+ als Parameter dargestellt. Die Bandbreite des Proportionalverstärkers mit Lag-Kompensation liegt unabhängig von der Kreisverstärkung A_0^+ etwa bei 250 Hz bis 300 Hz. Demgegenüber läßt sich durch eine Lag-Lead-Kompensation eine Bandbreite von etwa 750 Hz bis 800 Hz erzielen.

Für tiefe Frequenzen geht der Frequenzgang gegen den Wert

$$F(j\omega)\Big|_{\omega \to 0} = -\frac{r_2}{r_1} \frac{1}{1 + \dfrac{1}{A_0^*}}$$

Kleine Werte der Kreisverstärkung A_0^+ bewirken daher, daß der Betrag der Gleichstromverstärkung kleiner als r_2/r_1 ist. In diesen Fällen beginnt der normierte Amplitudengang daher bei tiefen Frequenzen mit Werten kleiner als 1.

3.5 Großsignalbandbreite phasenkompensierter Proportionalverstärker /2,4,5/

Die maximale Aussteuerbarkeit des Proportionalverstärkers wird durch das Gegenkopplungsnetzwerk bestimmt, das das Phasenkompensationsnetzwerk beinhaltet. Bei genügend großer Leerlaufdruckverstärkung $A_0 \gg 1$ kann angenommen werden, daß der zurückgekoppelte Druck $\Delta p_i'$ (Bild 3.5) gleich dem Eingangsdruck Δp_i sein muß, damit der Operationsverstärker nicht übersteuert wird. Der aufgeschnittene Regelkreis des phasenkompensierten Operationsverstärkers zeigt, daß oberhalb der Eckfrequenz des Verzögerungsgliedes f_1 die zurückgekoppelte Druckamplitude mit steigender Frequenz fällt. Dies bedeutet, daß auch die zulässige Eingangsamplitude des Proportionalverstärkers kleiner wird. So beträgt die zulässige Eingangsamplitude bei Frequenzen, die zehnmal größer als die Eckfrequenz sind, nur noch 10% der zulässigen Eingangsamplitude bei sehr tiefen Frequenzen.

Die Eckfrequenz des Verzögerungsgliedes im Phasenkompensationsnetzwerk ist daher identisch mit der Eckfrequenz des Großsignalfrequenzganges. Für reine Lag-Kompensation wird die Großsignalbandbreite

$$(3.27) \quad f_1 = \frac{115}{A_0^*} \text{ Hz}$$

und für Lag-Lead-Kompensation entsprechend

$$(4.41) \quad f_1 = \frac{163,5}{A_0^* * 0,965} \text{ Hz}$$

Ein Vergleich der Eckfrequenzen für optimale Lag- und Lag-Lead-Kompensation in Tabelle III zeigt, daß durch die Lag-Lead-Phasenkompensationsnetzwerke die Großsignalbandbreite zwischen 40% und 70% erweitert werden kann. Ein weiterer Vorteil des Lag-Lead-Netzwerkes besteht darin, daß oberhalb der Eckfrequenz des PD-Termes keine weitere Absenkung der maximal zulässigen Eingangsamplitude auftritt.

Tabelle III. Großsignalbandbreite für Lag- und Lag-Lead-Kompensation in Abhängigkeit von der Kreisverstärkung A_0^+

A_0^+	f_1/Hz	
	Lag	Lag-Lead
1	115	163,5
10	11,5	17,7
50	2,3	3,75
100	1,15	1,92

4. Die Realisierung des Lag-Lead-Gliedes /3,5/

4.1 Induktivitätsarme fluidische Widerstände aus Metallnetzen

Zur Realisierung des Lag-Lead-Gliedes nach Abschnitt 3.3 werden induktivitätsarme Widerstände in der Größenordnung von $10^7 (sm)^{-1}$ benötigt. Der induktive Anteil soll so gering sein, daß er noch bei der PD-Eckfrequenz f_2 vernachlässigbar ist. Die Eckfrequenz des Widerstandes, bei der die induktive Komponente gleich der resistiven Komponente ist, sollte etwa 1000 Hz bis 1500 Hz betragen.

Nach /2/ ist die Eckfrequenz eines Laminarwiderstandes mit Rechteckquerschnitt bei einem Seitenverhältnis a = 1

$$(4.1) \qquad f_{gr} = 0{,}85\, f_v = \frac{1}{2\pi \frac{L_C}{r_C}}$$

mit der charakteristischen Frequenz

$$(4.2) \qquad f_v = \frac{4v}{A} \approx \frac{60}{A/mm^2} Hz \qquad \text{(bei Normalbedingung)}$$

Dies erfordert Querschnitte in der Größenordnung von 0,05 mm^2 bis 0,034 mm^2. Um diese Querschnitte zu verwirklichen, wurden gewebte Metallnetze der Fa. Kufferath (Düren) mit der Maschenweite von 0,2 mm bis 0,077 mm eingesetzt. Tabelle IV gibt eine Übersicht über die verschiedenen Netztypen. Da die Versorgungs- und Meßluft mit einer Porenweite von 5µm gefiltert wird, ist mit einer Verschmutzung der Netze bei längerem Betrieb nicht zu rechnen.

Tabelle IV. Maschenweite und Drahtstärke der verwendeten Metallnetze

Typ	Maschenweite w_M/mm	Drahtstärke d_D/mm
1	0,2	0,125
2	0,14	0,1
3	0,1	0,0625
4	0,077	0,05

Die Maschen des Metallnetzes wirken als parallelgeschaltete Widerstände mit sehr geringem induktiven Anteil. Bild 4.1 zeigt den Aufbau einer einzelnen Netzmasche.

4.1.1 Gleichstromwiderstand des Metallnetzes

Zur Messung des Gleichstromwiderstandes wurde eine Meßvorrichtung angefertigt, mit deren Hilfe es möglich war, den Widerstand von mehreren hintereinandergeschalteten kreisförmigen Netzen mit einem Durchmesser von 2mm und 3mm zu messen. Die Netze wurden mit einem Durchmesser von 7mm ausgestanzt und durch 0,4mm dicke Abstandsringe voneinander getrennt. Der Innendurchmesser der Ringe von 2mm bzw. 3mm ergab den nutzbaren Netzdurchmesser. Eine geeignete Anordnung der Druckmeßbohrungen erlaubte die Messung des Druckabfalls über den Sieben, ohne daß Verfälschungen über die Zuleitung entstanden.

In den Bildern 4.2 und 4.3 sind Widerstandskennlinien für den Netztyp 3 (Maschenweite w_M = 0,1mm, Drahtstärke d_D = 0,0625mm) zu sehen. Für Netzdurchmesser von 2mm bzw. 3mm sind 1 bis 8 Hintereinanderschaltungen vorgenommen worden. Die ausgezogenen Kennlinien sind mit Hilfe eines Rechnerprogrammes bestimmt worden, das für den kleinsten quadratischen Fehler eine Näherung der Form

$$(4.3) \quad p = R_{lam} \cdot \dot{m} + K \dot{m}^2$$

berechnet. Es ist deutlich zu sehen, daß für den größeren Netzdurchmesser eine größere Linearität erreicht wird.

In Tabelle V sind für die Netztypen 1 bis 4 die charakteristischen Werte R_{lam} und K für Netzdurchmesser von 2mm und 3mm angegeben, die aus den Messungen berechnet werden. Als Maß für die Güte der Näherung ist jeweils der auf den Mittelwert bezogene Fehler m_R bzw. m_K der Koeffizienten R_{lam} bzw. K angegeben. Da der zu realisierende Widerstand als Kondensatorvorwiderstand ohne Gleichströmung (akustischer Fall) betrieben wird, ist für die Berechnung des Netzwerkes nur der Laminarwiderstand von Bedeutung.

Wegen der komplizierten Maschenform ist eine genaue Berechnung des Netzwiderstandes nicht möglich. Die Gleichstromersatzschaltung ergibt sich als Parallelschaltung der einzelnen Maschenwiderstände. Hierbei muß zwischen den Randmaschen und den quadratischen Maschen der inneren Zone unterschieden werden. Durch Abdecken mit den Abstandsringen ergeben sich für die Randmaschen unregelmäßige Drei-, Vier- und Fünfecke. Die Summe der Leitwerte der einzelnen Maschenwiderstände ergibt den Gesamtleitwert des kreisförmigen Netzes.

Tabelle V. Widerstände der untersuchten Metallnetze

Typ	$\dfrac{w_M}{mm}$	$\dfrac{d_D}{mm}$	$\dfrac{d}{mm}$	$\dfrac{R_{lam}}{10^6/(sm)}$	$\dfrac{m_R}{\%}$	$\dfrac{K}{10^4/(m\,mg)}$	$\dfrac{m_K}{\%}$
1	0,2	0,125	2	1,02	3,5	16,1	4,3
			3	0,536	1,4	3,7	3,3
2	0,14	0,1	2	1,86	2,4	14,9	5,0
			3	0,988	2,1	3,3	5,6
3	0,1	0,0625	2	2,13	1,4	19,9	6,3
			3	1,25	2,0	--	K
4	0,077	0,05	2	2,33	2,5	78,3	9,5
			3	1,49	2,8	8,2	3,4

4.1.2 Wechselstromwiderstand des Metallnetzes

Zur Messung des dynamischen Verhaltens der Netzwiderstände wurde eine Meßvorrichtung entworfen, die in Bild 4.4 angedeutet ist. Mit ihrer Hilfe soll das Lag-Lead-Phasenkompensationsnetzwerk nachgebildet werden, das im beschalteten und phasenkompensierten Operationsverstärker nach Bild 3.8 aus Innenwiderstand r_0, Kondensator C und Vorwiderstand r_C besteht.

Der Innenwiderstand r_0 des Operationsverstärkers wird durch die Parallelschaltung von Widerstandslaminaten nachgebildet. Die einzelnen Leiter sind in 0,1mm dicke Bleche geätzt. Bei einer Länge von ca. 15mm wurde die Breite zwischen 0,25mm und 1,5mm gewählt. Die Metallnetze zur Realisierung des Vorwiderstandes r_C werden in einer Bohrung der Trägerplatte mit einer Ringmutter fixiert. Die Kapazität C wird über dem Ausgang der Ringmutter befestigt. Bild 4.5 zeigt die ausführliche Ersatzschaltung der Meßvorrichtung.

Den Widerstandslaminaten muß neben dem dynamischen Widerstand r_0 noch eine Induktivität L_0 zugeordnet werden. Ebenso besitzt der Kondensatorvorwiderstand r_C, der durch die Metallnetze realisiert wird, eine zusätzliche Induktivität L_C. Die Ringmutter muß ebenfalls durch einen Widerstand r_R und die Induktivität L_R berücksichtigt werden. Die parasitäre Kapazität im Übergang von den Laminaten zu den hintereinandergeschalteten Netzwiderständen ist als verlustbehaftete Kapazität C_N eingetragen. Über Bohrungen in den Leitungen sind die Druckaufnehmer angekoppelt. Der Einfluß des Volumens im Meßadapter kann durch eine verlustbehaftete Kapazität C_M interpretiert werden. Die Bohrung entspricht einer Reihenschaltung aus Induktivität und Widerstand. Durch genügend große Bohrungen (D = 2,2mm) mit geringer Länge (l = 1mm) kann der Einfluß im interessierenden Frequenzbereich bis ca. 3 kHz vernachlässigbar gehalten werden.

Frequenzgang der Meßanordnung bei Leerlauf ohne Kapazität C und Vorwiderstand r_C

Im ersten Schritt soll nur das Verhalten des nachgebildeten Innenwiderstandes r_0 im Zusammenhang mit den parasitären Kapazitäten C_M und C_N untersucht werden. Hierzu wurde die Bohrung, die die Metallnetze aufnimmt, dicht verschlossen, ohne daß ein zusätzliches Volumen entsteht. Die Ersatzschaltung für diese Anordnung ist in Bild 4.6 zu sehen. Der Frequenzgang hierzu lautet

$$(4.4) \quad F_L(j\omega) = \frac{1}{1 + r_0(g_M+g_N) - \omega^2 L_0(C_M+C_N) + j\omega\left\{L_0(g_M+g_N) + r_0(C_M+C_N)\right\}}$$

Bei einem Volumen im Meßadapter von ungefähr 2,2 mm³ beträgt die adiabatische Kapazität

$$C_M = 1,9 \cdot 10^{-13} s^2 m.$$

Das parasitäre Volumen von 9,6mm³ am Ausgang der Schaltung entspricht einer adiabatischen Kapazität

$$C_N = 9,3 \cdot 10^{-14} s^2 m.$$

Oberhalb der charakteristischen Frequenz $f_v = 4v/A$ kann die Güte der Kapazitäten für $f_v \geq 3f$ genügend genau mit

(4.5) $\quad Q = 4,2 \sqrt{f/f_v}$

beschrieben werden. Daraus folgt dann für die Verlustleitwerte

(4.6) $\quad g_M = \dfrac{\omega C_M}{Q} = \dfrac{\omega C_M}{4,2} \cdot \dfrac{1}{\sqrt{f/f_v}}$

Der nachgebildete Innenwiderstand r_0 wird durch die Elemente

$$r_0 = 0,825 \cdot 10^9 (sm)^{-1}$$

und

$$L_0 = 57,1 \cdot 10^3 m^{-1}$$

beschrieben. In Bild 4.7 a und b sind Betrag und Phase des Frequenzganges der Anordnung aufgetragen. Die Messungen zeigen eine sehr gute Übereinstimmung mit der Theorie.

<u>Frequenzgang der Meßanordnung mit Netzwiderstand r_C und ohne Kapazität C</u>

Um das Wechselstromverhalten der Netzwiderstände zu bestimmen, wurden die ausgestanzten Metallnetze in die dafür vorgesehenen Bohrungen eingesetzt und mit Hilfe der Ringmutter fixiert. Die Kapazität wurde nicht aufgesetzt, so daß der Ausgang der Ringmutter auf Umgebungspotential lag. Die zugehörige Ersatzschaltung zeigt Bild 4.8. Im interessierenden Frequenzbereich bis etwa 2 kHz können die Schaltungskapazitäten C_M und C_N einschließlich der Verlustleitwerte vernachlässigt werden.

(4.7) $\quad r_C + r_R + j\omega(L_C + L_R) \gg \dfrac{1}{g_M + g_N + j\omega(C_M + C_N)}$

Der Frequenzgang des Übertragungsgliedes folgt dann zu

(4.8) $\quad F(j\omega) = \dfrac{r_C + r_R + j\omega(L_C + L_R)}{r_0 + r_C + r_R + j\omega(L_0 + L_C + L_R)}$

Mit $r_C + r_R \ll r_0$

und $L_C + L_R \ll L_0$

vereinfacht sich die Gleichung zu

$$(4.9) \quad F(j\omega) = \frac{r_C + r_R + j\omega(L_C + L_R)}{r_0 + j\omega L_0}.$$

Die Ringmutter hat die Abmessungen

$$D = 2 \text{ mm und } l = 2 \text{ mm}$$

Dies entspricht einer Induktivität

$$L_R = 1{,}14 \cdot 10^3 \text{m}^{-1}.$$

Hierbei wurde mit der effektiven Länge für kurze Leiter

$$l_{eff} = l\left(1 + \frac{\pi}{4} \cdot \frac{D}{l}\right)$$

gerechnet, die die mitschwingende Medienmasse berücksichtigt. Die Güte der Induktivität läßt sich oberhalb der charakteristischen Frequenz f_v für $f \gg 5 f_v$ durch

$$(4.10) \quad Q = 1{,}95 \, (f/f_v)^{0,5}$$

beschreiben. Daraus folgt der Verlustwiderstand r_R zu

$$(4.11) \quad r_R = \frac{\omega L_R}{Q}.$$

Die nachfolgenden Abbildungen 4.9 und 4.10 zeigen den Betrag des Frequenzganges im Bereich von 200 Hz bis 2 kHz für verschiedene Metallnetzkombinationen.

Aus der Frequenzganggleichung geht hervor, daß es sich um ein PD-Glied mit Verzögerung 1. Ordnung handelt. Durch Umformen erhält man aus Gl.(4.9) die übersichtlichere Schreibweise

$$(4.12) \quad F(j\omega) = \frac{r_C + r_R}{r_0} \cdot \frac{1 + j\omega \frac{L_C + L_R}{r_C + r_R}}{1 + j\omega \frac{L_0}{r_0}}.$$

Die Eckfrequenz des PD-Gliedes ist durch

$$(4.13) \quad f_{E1} = \frac{1}{2\pi \frac{L_C + L_R}{r_C + r_R}} \approx \frac{1}{2\pi \frac{L_C + L_R}{r_C}}$$

gegeben. Die Eckfrequenz des Verzögerungstermes liegt bei

$$(4.14) \quad f_{E2} = \frac{1}{2\pi \frac{L_0}{r_0}} = 2{,}3 \text{ kHz}.$$

Tabelle VI gibt eine Zusammenstellung der Induktivitäten und Grenzfrequenzen für die verschiedenen Netztypen für einen Netzdurchmesser von 2 mm.

Tabelle VI. Induktivität und Grenzfrequenz von Metallnetzen

Netztyp	$L_C/(m^{-1})$	f_{gr}/Hz	Netzdurchmesser/mm
1	250	650	2
2	350	900	2
3	270	1260	2
4	315	1180	2

In Bild 4.11 ist die Grenzfrequenz der Siebe über der Maschenweite aufgetragen. Es ergibt sich ein deutliches Maximum für Maschenweiten um 0,1 mm. Die Grenzfrequenz erweist sich als weitgehend unabhängig vom gewählten Netzdurchmesser.

4.2 Frequenzgang des Lag-Lead-Gliedes

Nach Kenntnis der einzelnen Bauelemente des Lag-Lead-Gliedes nach Bild 4.4 und 4.5 läßt sich nun der Gesamtfrequenzgang bestimmen. Bei Vernachlässigung der Verlustleitwerte der Kondensatoren folgt die Ersatzschaltung in Bild 4.12. Der Frequenzgang dieser Anordnung wird

$$(4.15)\ F(j\omega) = \frac{1}{r_C + r_R + j\omega(L_C + L_R) + \frac{1}{j\omega C} + (r_0 + j\omega L_0)\left\{1 + j\omega(C_N + C_M)[r_C + r_R + j\omega(L_C + L_R) + \frac{1}{j\omega C}]\right\}}$$

Die Bilder 4.13 und 4.14 zeigen Meßergebnisse für zwei verschiedene Metallnetzkombinationen. Die unterschiedlichen Werte der Kompensationskapazität C und der Induktivität L_R ergeben sich dadurch, daß der Rest der Bohrung für die Netzaufnahme einberechnet wurde. Die Bohrungskapazität wurde zur Kapazität C und die Bohrungsinduktivität zur Induktivität L_R der Ringmutter geschlagen. Beim Übergang von 4 auf 7 Netze werden beide Werte kleiner.

Die Übereinstimmung zwischen Theorie und den Messungen ist sehr gut. Die dünn ausgezogene Kurve kennzeichnet den idealen Verlauf, der bei Vernachlässigung aller parasitären Effekte (Bild 4.13) zu erwarten wäre. Es handelt sich um ein PD-Glied mit Verzögerung 1. Ordnung. In Bild 4.13 liegt die Eckfrequenz des Tiefpaßgliedes bei

$$f_{E1} = \frac{1}{2\pi(r_0 + r_C)C} = 6{,}44\ \text{Hz}$$

und die Eckfrequenz des PD-Gliedes bei

$$f_{E2} = \frac{1}{2\pi\, r_C\, C} = 577\ \text{Hz}$$

Für das Beispiel in Bild 4.14 erhält man die Eckfrequenz des Tiefpaßgliedes zu

$$f_{E1} = \frac{1}{2\pi(r_0 + r_C)C} = 7,29 \text{ Hz}$$

und die des PD-Gliedes zu

$$f_{E2} = \frac{1}{2\pi r_C \cdot C} = 411 \text{ Hz}$$

Bis etwa 500 Hz ist die Übereinstimmung mit der realen Anordnung recht gut. Oberhalb dieser Frequenz entsteht aber überwiegend durch die parasitären induktiven Elemente im Siebwiderstand und der Ringmutter ein zweifacher PD-Anteil, der bei wachsender Frequenz ein Ansteigen des Betrages proportional der Frequenz verursacht. Dementsprechend wird dadurch auch die Phasendrehung positiv. Die parasitären induktiven Effekte im Laminat und die des Trennvolumens zwischen Laminat und Netzwiderstand bringen Verzögerungsglieder ins Spiel, die bei Frequenzen über 2 kHz eine allmähliche Phasenrückdrehung auf $0°$ bei konstantem Amplitudengang bewirken.

Eine bessere Annäherung an das gewünschte Lag-Lead-Verhalten zeigt sich bei vernachlässigbarer Induktivität der Ringmutter (gestrichelte Kurve). Es ergibt sich hierbei noch bis etwa 1 kHz eine genügende Übereinstimmung mit dem idealen Fall. Im Prinzip ist eine positive Phasendrehung des Kompensationsnetzwerkes wünschenswert, da die gesamte Phasendrehung im aufgeschnittenen Kreis abnimmt. Durch den ansteigenden Amplitudengang wird dieser Vorteil jedoch wieder aufgehoben.

5. Experimentelle Untersuchungen am phasenkompensierten Proportionalverstärker /6/

5.1 Experimenteller Aufbau

Bild 5.1 zeigt die Versuchsanordnung des Proportionalverstärkers. Die einzelnen Bauelemente des Kreises, die Ein- und Ausgangsanschlüsse und die Hülsen für die Druckaufnehmer sind auf Aluminiumplatten (Dicke 7 mm) angebracht. Die Verbindungsleitungen sind in die innere Seite der Unterplatte gefräst, wie aus Bild 5.2 zu entnehmen.

Der Operationsverstärker ist auf die Oberplatte geschraubt, auf der ebenfalls die Ein- und Ausgangsanschlüsse in die entsprechenden Bohrungen eingesetzt sind. Die Unterplatte nimmt auf ihrer Außenseite die beiden Doppelwiderstände r_2 und r_1, sowie die Kapazitäten C der Kompensationsglieder auf. Die Beschaltungswiderstände r_1 und r_2 werden durch Leiter realisiert, die in 0,1 mm dicke Bleche geätzt sind. Bei einer Länge von ca. 15 mm wurde die Breite zwischen 0,25 mm und 1,5 mm variiert. Durch Parallelschalten derartiger Elemente können auch kleinere Widerstandswerte erreicht werden, wobei wegen der geringen Querschnittsflächen die Grenzfrequenzen im Bereich von einigen kHz liegen /2/.

Die Ein- und Ausgangssignale werden über Druckaufnehmer (Kistler Typ 701 A) entnommen. Diese werden in Hülsen auf der Oberplatte eingesetzt, die durch Bohrungen die entsprechenden Meßpunkte anzapfen. Die Querschnittsflächen der Verbindungsleitungen wurden zu 1,5 mm² gewählt. Die Anschlußbohrungen für den Gegenkopplungswiderstand r_2 erwiesen sich als sehr kritisch. Es mußte ein Durchmesser von mindestens 3 mm gewählt werden, um ein stabiles Arbeiten der Schaltung zu gewährleisten. Die Ausgänge des Operationsverstärkers sind direkt gegenüber den Anschlußbohrungen für die Kapazität angeordnet, um eine optimale Ankopplung zu gewährleisten.

Die Metallnetzwiderstände r_C des Kompensationsnetzwerkes wurden in den Anschlußbohrungen für die Kapazität in der Unterplatte durch eine Ringmutter von der Kondensatorseite her befestigt. Die einzelnen kreisförmigen Netze sind durch 0,4 mm dicke Abstandsringe mit einem Innendurchmesser von 2 mm bzw. 3 mm getrennt.

5.2 Dynamische Untersuchungen

Die Bilder 5.3 und 5.4 zeigen Messungen an einem Proportionalverstärker mit Lag-Kompensation, die Bilder 5.5 und 5.6 Messungen mit Lag-Lead-Kompensation.

Die Verstärkerdaten sind

$A_0 = 2100$

$r_{Emax} = 1,9 \cdot 10^8 (sm)^{-1}$ $r_{Omin} = 9,9 \cdot 10^8 (sm)^{-1}$

$r_{Emin} = 1,7 \cdot 10^8 (sm)^{-1}$ $r_{Omax} = 12,1 \cdot 10^8 (sm)^{-1}$

In Kapitel 3 wurde bereits darauf hingewiesen, daß der dynamische Eingangswiderstand r_E aufgrund der relativ geringen Meßgenauigkeit der Meßgeräte bei sehr kleinen Drucken und Massenströmen mit einem Maximalwert und einem Minimalwert angegeben wird. Der Ausgangswiderstand kann ebenfalls nur innerhalb eines Toleranzbereiches angegeben werden, da er sich mit der Aussteuerung und mit dem Arbeitspunkt ändert. Der Frequenzgang kann daher nur für die jeweils ungünstigsten Kombinationen

$$r_{Emax}, \; r_{Omin} \quad \text{und} \quad r_{min}, \; r_{Omax}$$

berechnet werden, wie es in den Bildern 5.3 bis 5.6 deutlich gemacht wird. Es ergibt sich dann ein Bereich, innerhalb dessen der tatsächliche Frequenzgang liegen sollte. Für den Fall der Lag-Lead-Kompensation ist sehr schön zu sehen, daß die Meßpunkte ziemlich genau zwischen den berechneten oberen und unteren Amplituden- und Phasenverläufen liegen. Für den Fall der einfachen Lag-Kompensation ist eine gute Übereinstimmung der Phasengänge zu finden. Die Meßpunkte des Amplitudenganges liegen jedoch über der berechneten oberen Grenze. Der Fall in Bild 5.5 entspricht annähernd einer optimalen Dimensionierung. Es wird eine Grenzfrequenz von etwa 800 Hz erzielt, wobei der Amplitudengang bis etwa 500 Hz konstant ist.

6. Literaturverzeichnis

/1/ N.N.
Fluidics. Kurzkatalog und Datenblatter der Fa. General Electric, Fluidics Operation, Schenectady, N.Y. und der Fa. Tritec Inc., Columbia Md, USA

/2/ Schaedel, H.M.
Fluidische Bauelemente und Netzwerke
Vieweg Verlag, Wiesbaden 1979

/3/ Schmitz, H.
Ein Beitrag zur Phasenkompensation von fluidischen Netzwerken
Unveröffentlichte Abschlußarbeit an der FH Koln Fachbereich Nachrichtentechnik
WS 1975/76. Betreuer:Schaedel, H.M.

/4/ Kruck, P.
Rechnergestutzte Analyse fluidischer Kompensationsnetzwerke mit konzentrierten und nichtkonzentrierten Bauelementen zur Phasenkompensation fluidischer Oper Operationsverstärker
Unveroffentliche Abschlußarbeit an der FH Koln Fachbereich Nachrichtentechnik
SS 1977. Betreuer: Schaedel, H.M.

/5/ Fuehrer, D.
Untersuchungen an fluidischen Lag-Lead-Gliedern zur Phasenkompensation von Operationsverstärkern
Unveroffentliche Abschlußarbeit an der FH Koln Fachbereich Nachrichtentechnik
WS 1977/78. Betreuer: Schaedel, H.M.

/6/ Appelrath, H.P.
Untersuchungen an gegengekoppelten fluidischen Operationsverstärkern mit Lag- und Lag-Lead-Kompensationsnetzwerken
Unveroffentliche Abschlußarbeit an der FH Köln Fachbereich Nachrichtentechnik
SS 1978. Betreuer: Schaedel, H.M.

Bildanhang

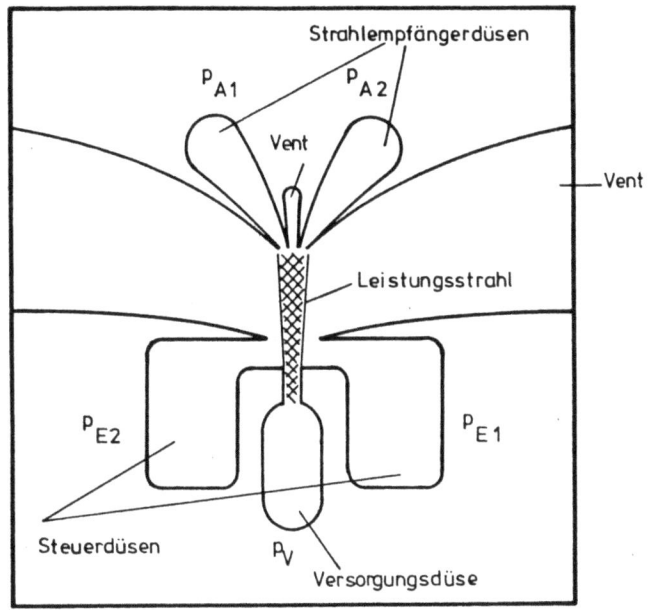

Bild 2.1 Skizze einer einzelnen Operationsverstärkerstufe

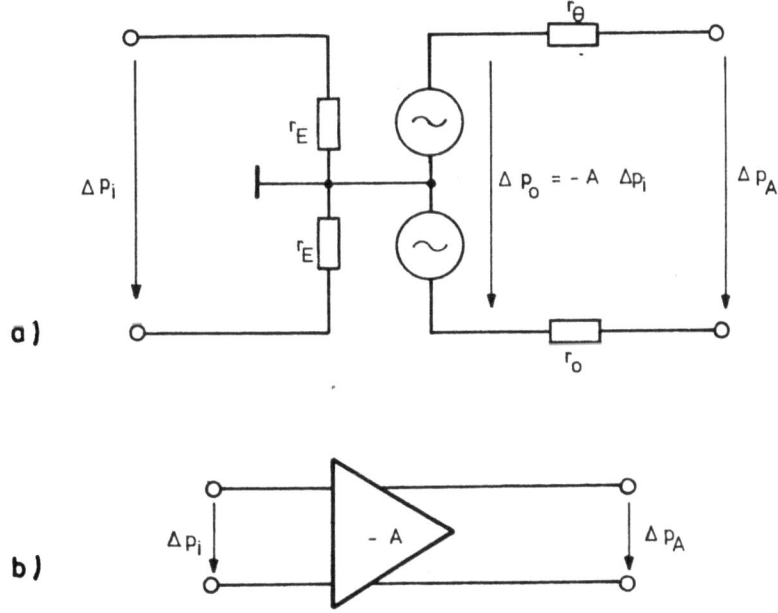

Bild 2.2 Ersatzschaltung (a) und Symbol des Operationsverstärkers (b)

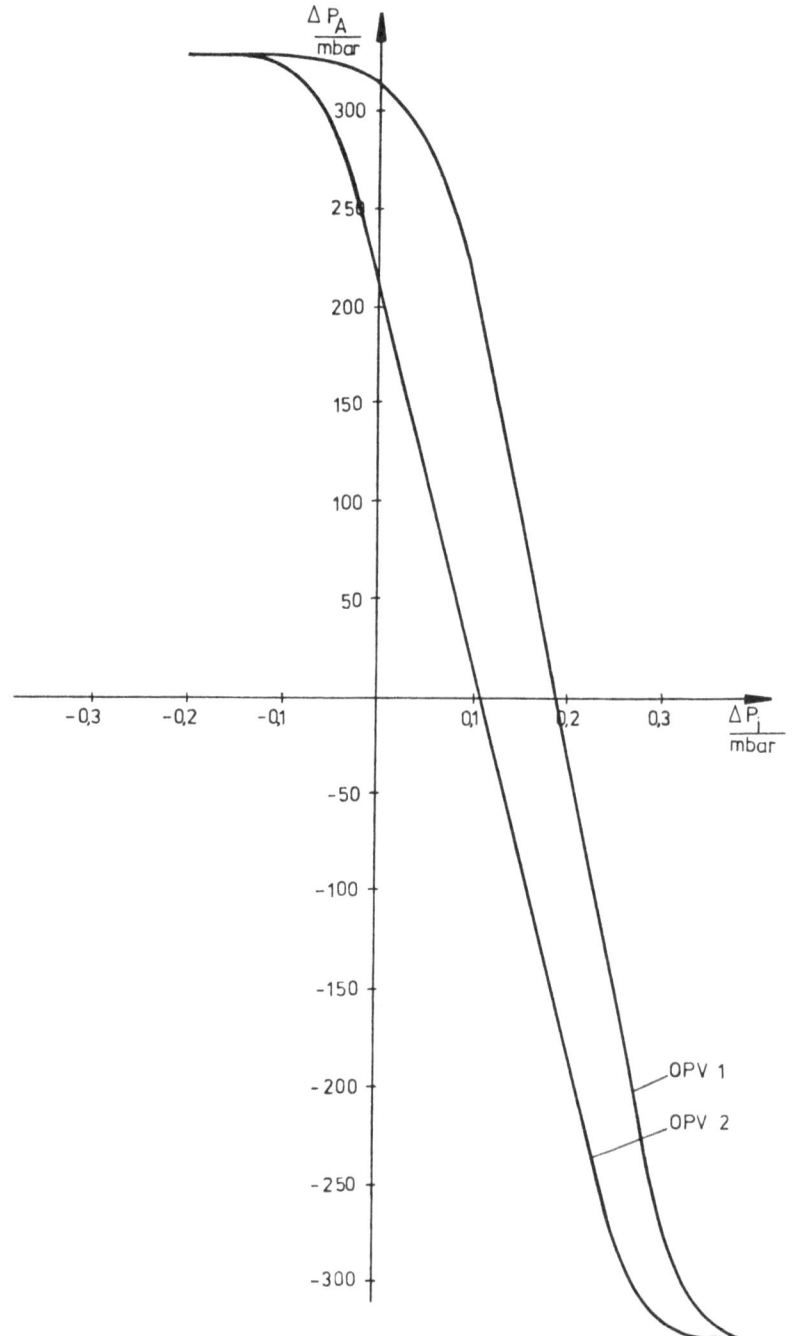

Bild 2.3 Druckübertragungskennlinien von Operationsverstärkern

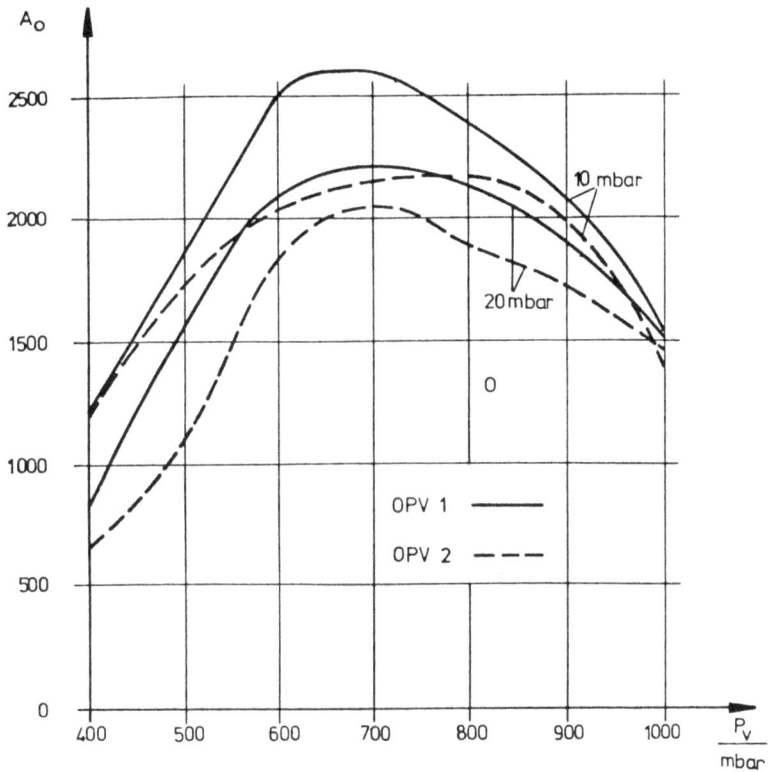

Bild 2.4 Leerlaufdruckverstarkung als Funktion des Versorgungsdruckes p_v und des Eingangsgleichdruckes $\overline{p_1}$

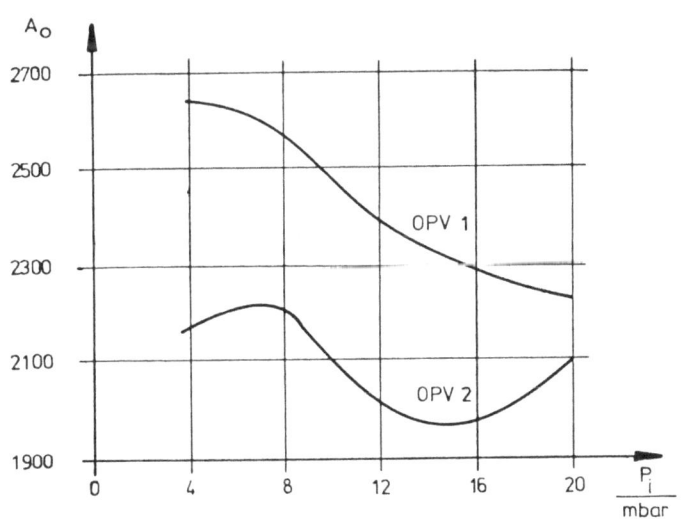

Bild 2.5 Leerlaufdruckverstarkung als Funktion des Eingangsgleichdruckes $\overline{p_1}$ bei einem Versorgungsdruck von 700 mbar

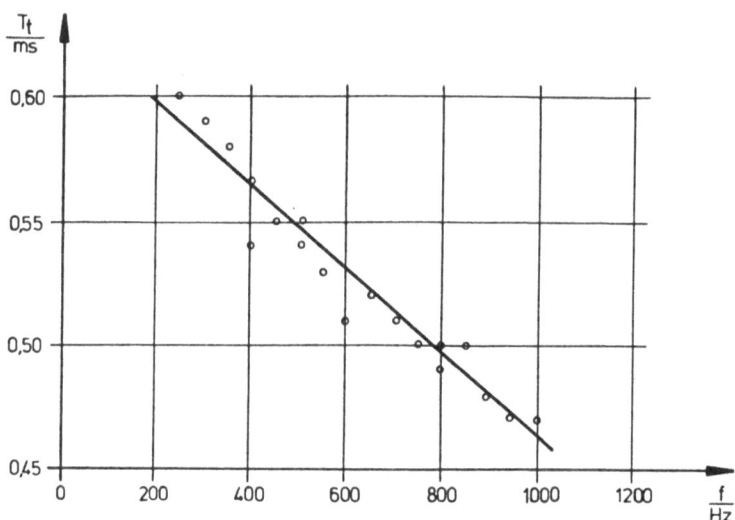

Bild 2.6 Totzeit im Operationsverstärker-Meßaufbau

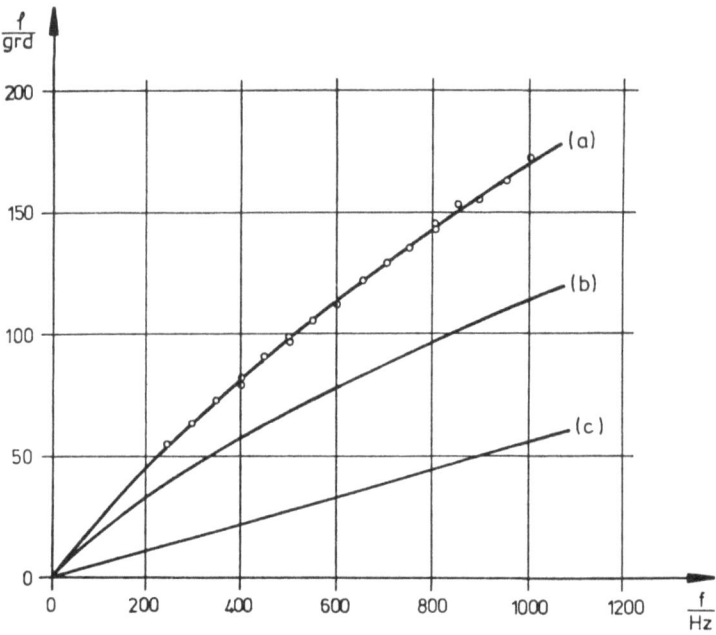

Bild 2.7 Phasendrehung im Operationsverstärker
    (a) Gesamter Meßaufbau
    (b) Ein- und Ausgangsleitungen
    (c) Operationsverstärker-Laminate

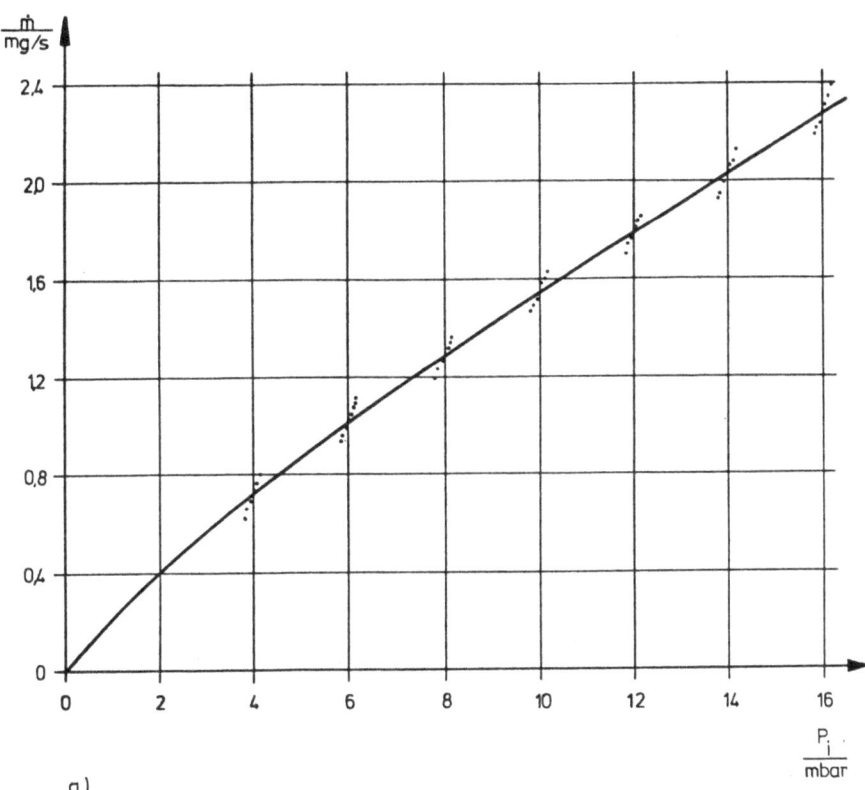

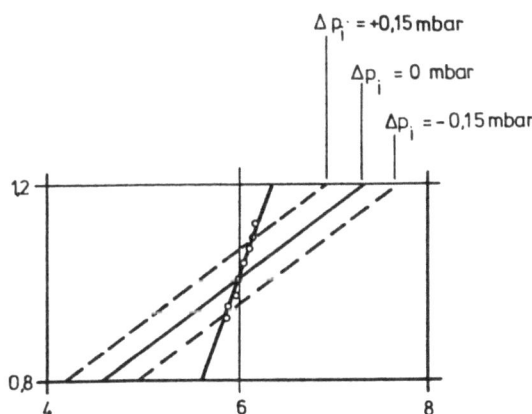

Bild 2.8 Eingangskennlinie des Operationsverstärkers (a) und vergrößerter Ausschnitt für Gegentaktkennlinien (b)

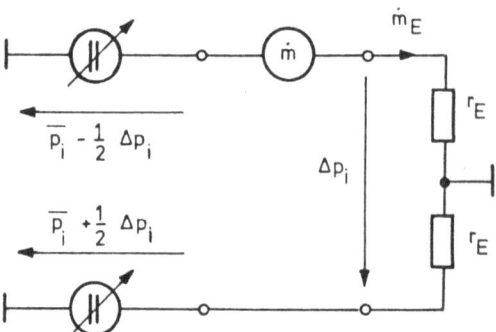

Bild 2.9 Meßanordnung zur Bestimmung des dynamischen Eingangswiderstandes

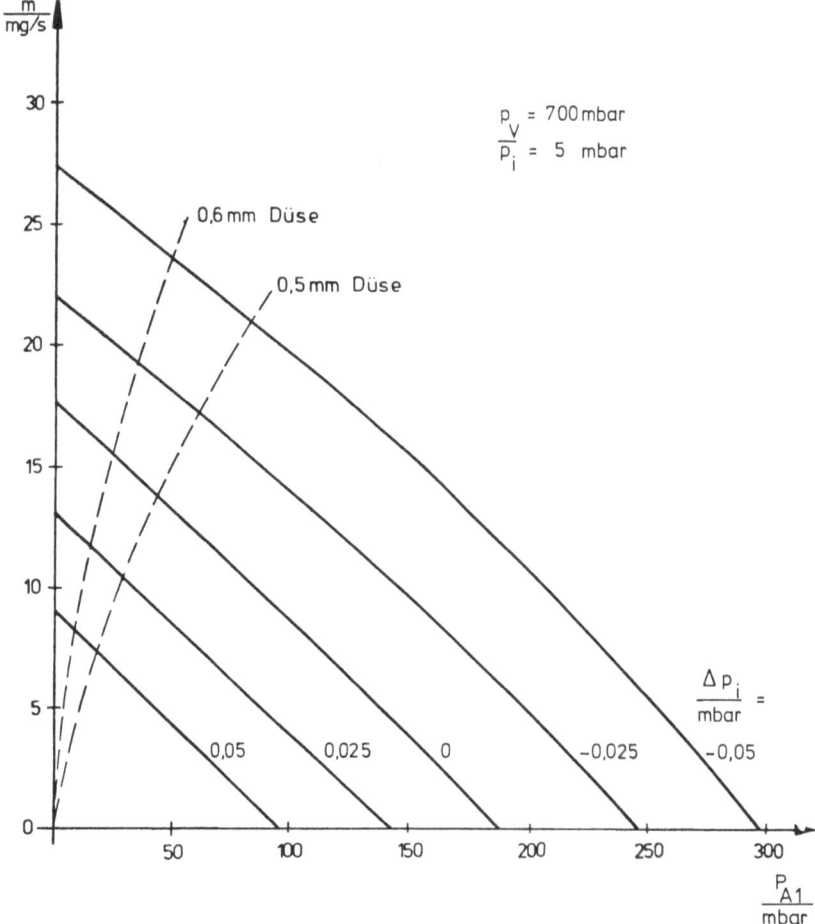

Bild 2.10 Ausgangskennlinien des Operationsverstärkers

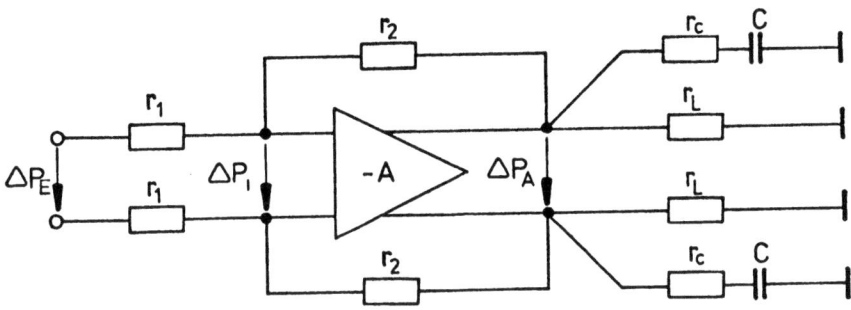

Bild 3.1 Operationsverstärker mit Lag-Lead-Phasenkompensation

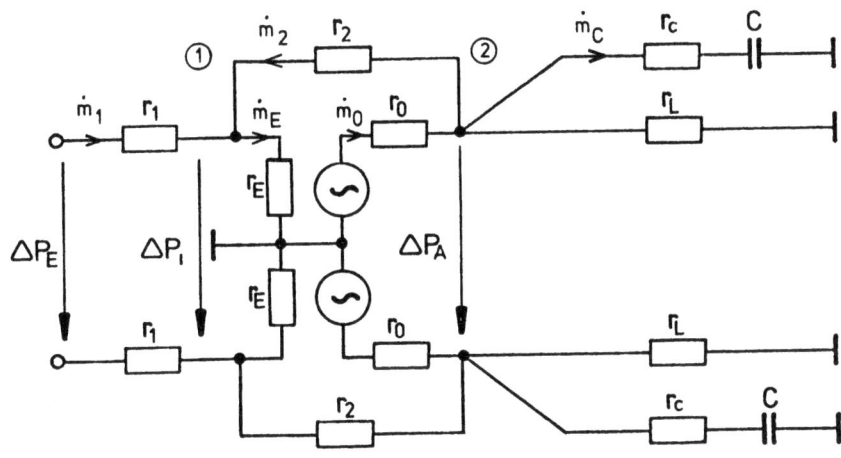

Bild 3.2 Ersatzschaltung des Operationsverstärkers mit Lag-Lead-Phasenkompensation

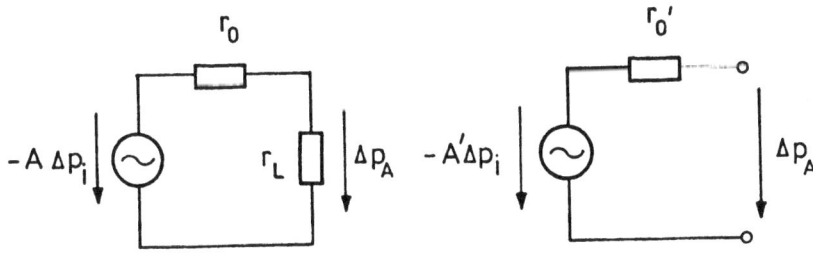

Bild 3.3 Ersatzschaltung des Operationsverstärkerausganges

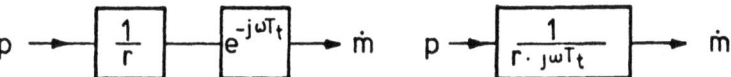

Bild 3.4 Signalflußplan eines totzeitbehafteten Widerstandes

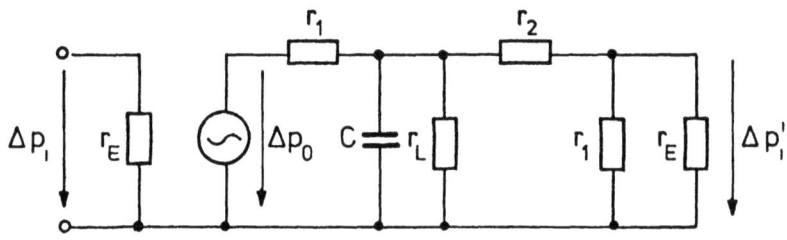

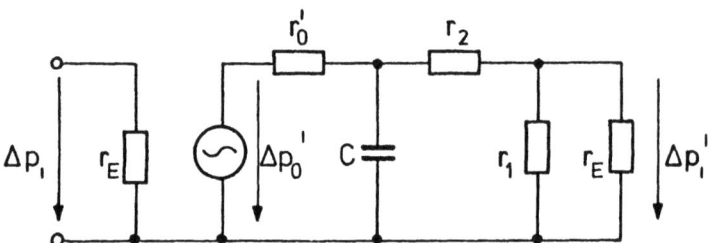

Bild 3.5 Aufgeschnittener Regelkreis des gegengekoppelten Operationsverstärkers mit Lag-Kompensation

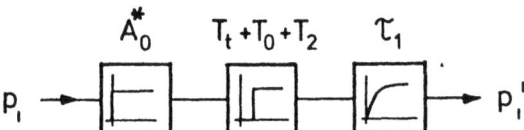

Bild 3.6 Signalflußplan des aufgeschnittenen Regelkreises des Operationsverstärkers mit Lag-Kompensation

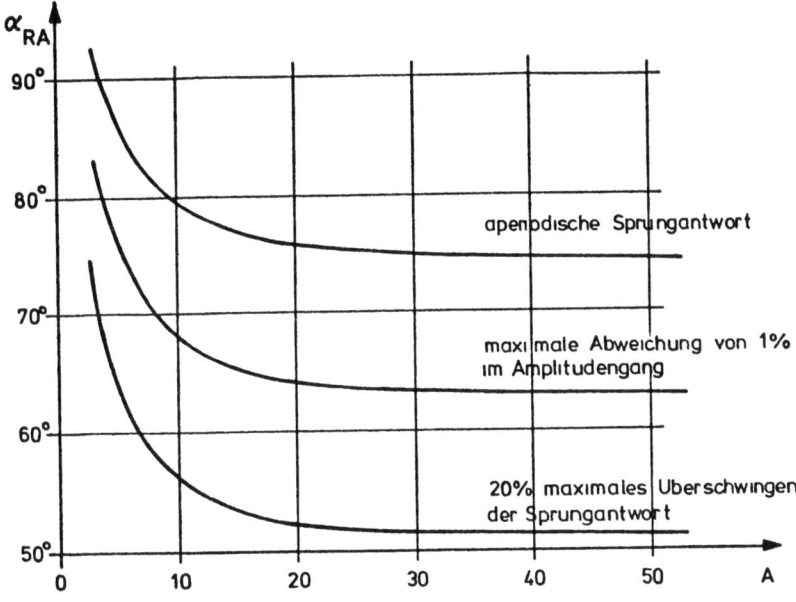

Bild 3.7 Phasenrand als Funktion der Kreisverstärkung A_0 für optimale Lag-Kompensation

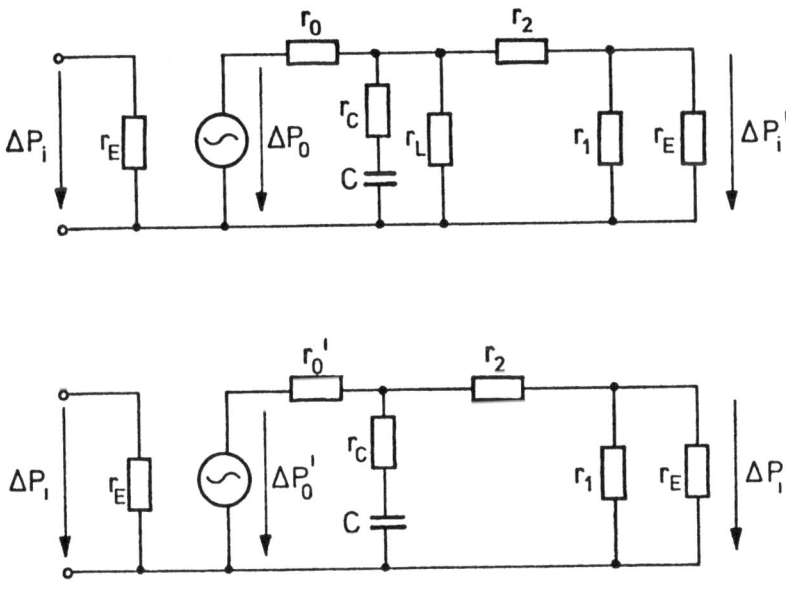

Bild 3.8 Aufgeschnittener Regelkreis des gegengekoppelten Operationsverstärkers mit Lag-Lead-Kompensation

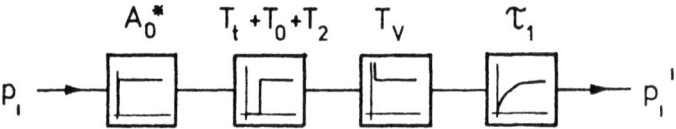

Bild 3.9 Signalflußplan des aufgeschnittenen Regelkreises des gegengekoppelten Operationsverstarkers mit Lag-Lead-Kompensation

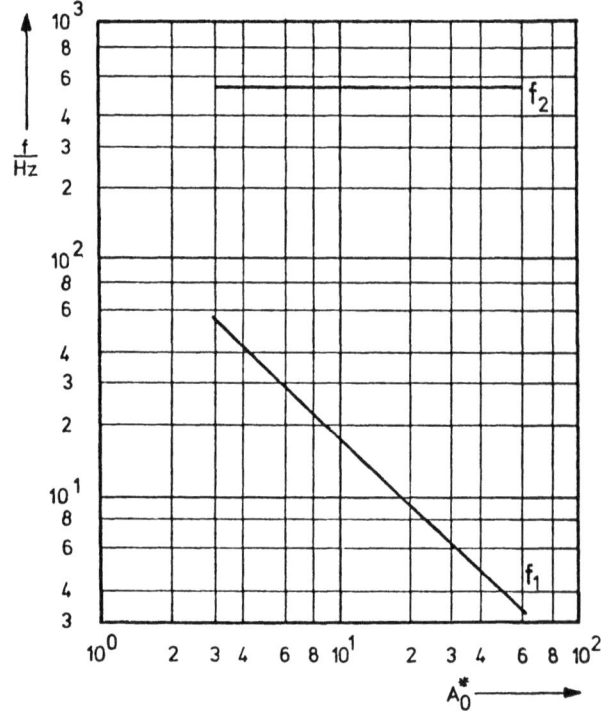

Bild 3.10 Eckfrequenzen f_1 und f_2 des Lag-Lead-Gliedes als Funktion der Kreisverstärkung A_0 für optimale Lag-Lead-Phasenkompensation

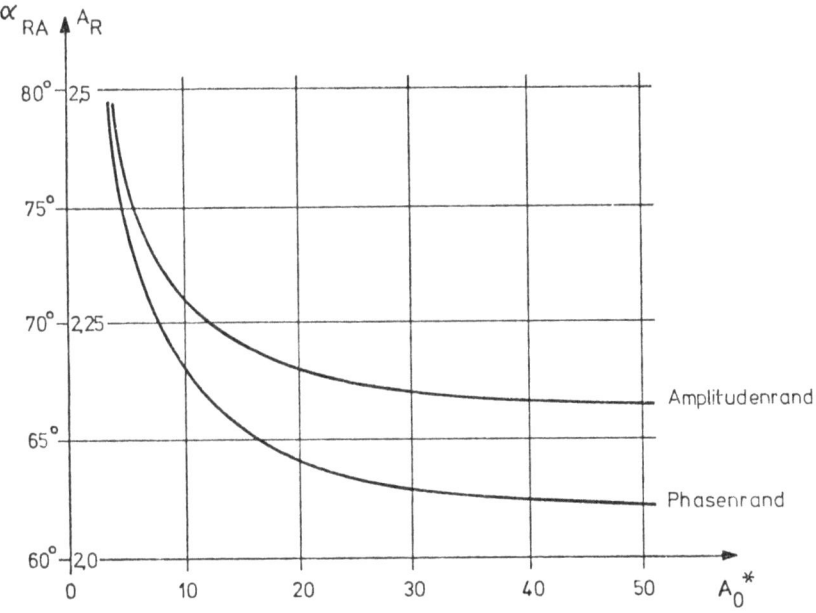

Bild 3.11 Phasen- und Amplitudenrand als Funktion der Kreisverstärkung für optimale Lag-Lead-Phasenkompensation

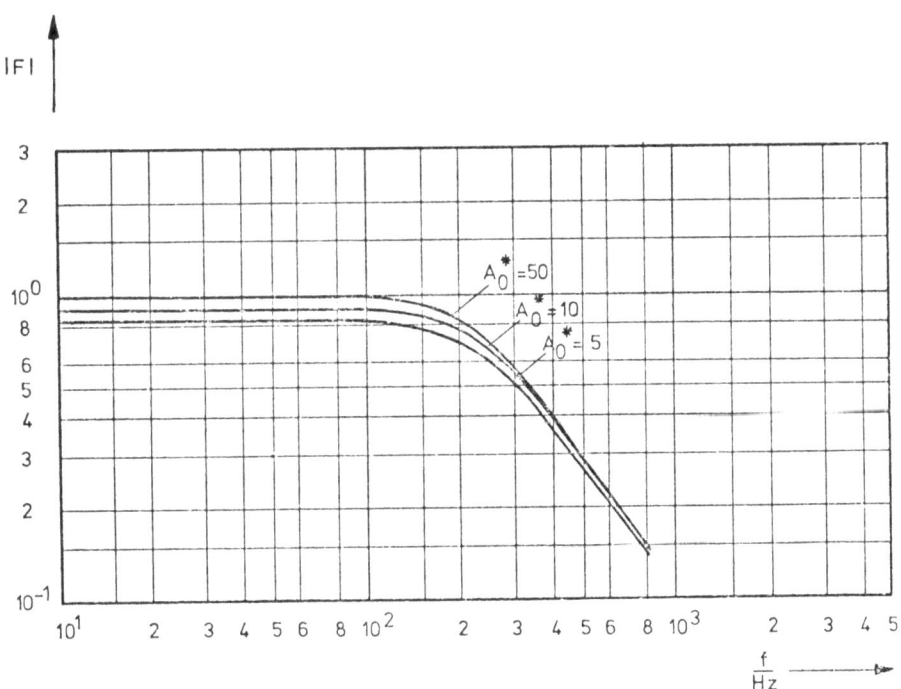

Bild 3.12a Normierter Amplitudengang für optimale Lag-Kompensation

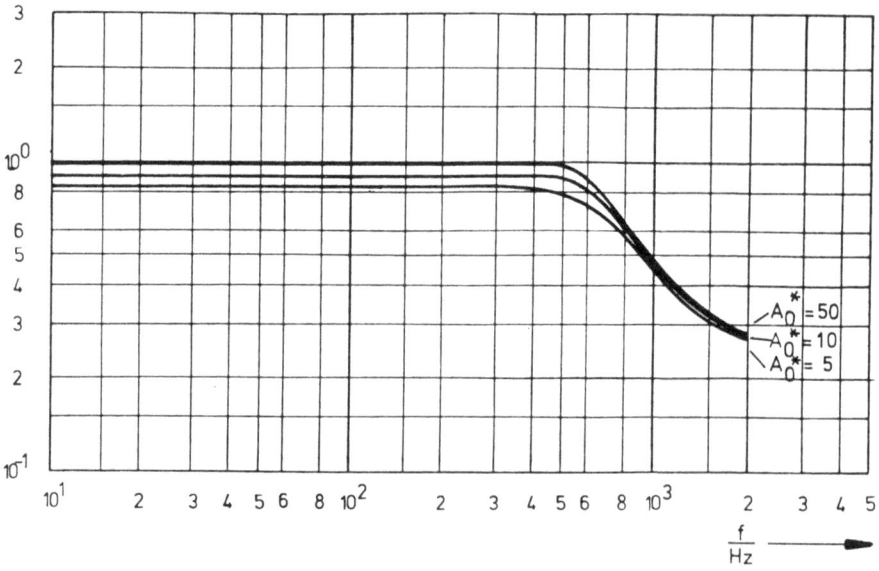

Bild 3.12b Normierter Amplitudengang für optimale Lag-Lead-Kompensation

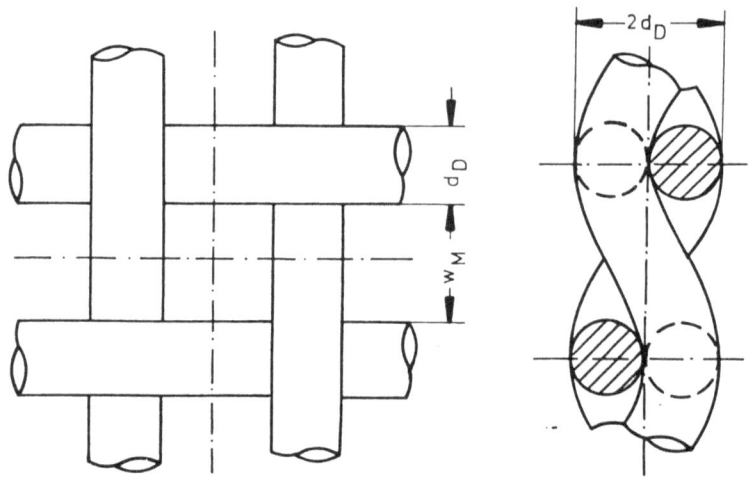

Bild 4.1 Skizze einer einzelnen Netzmasche

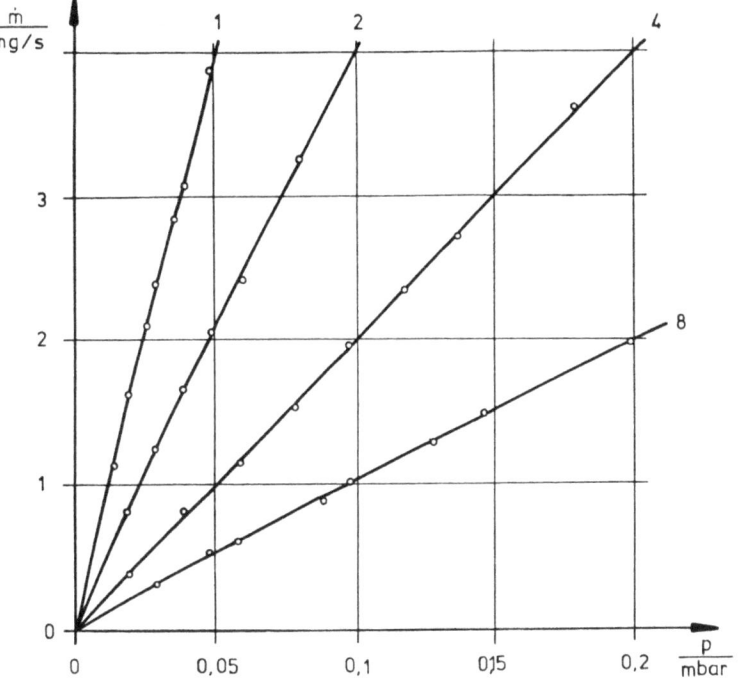

Bild 4.2 Widerstandskennlinien für das Metallnetz Typ 3. Netzdurchmesser d = 3 mm. Anzahl der hintereinandergeschalteten Netze als Parameter.

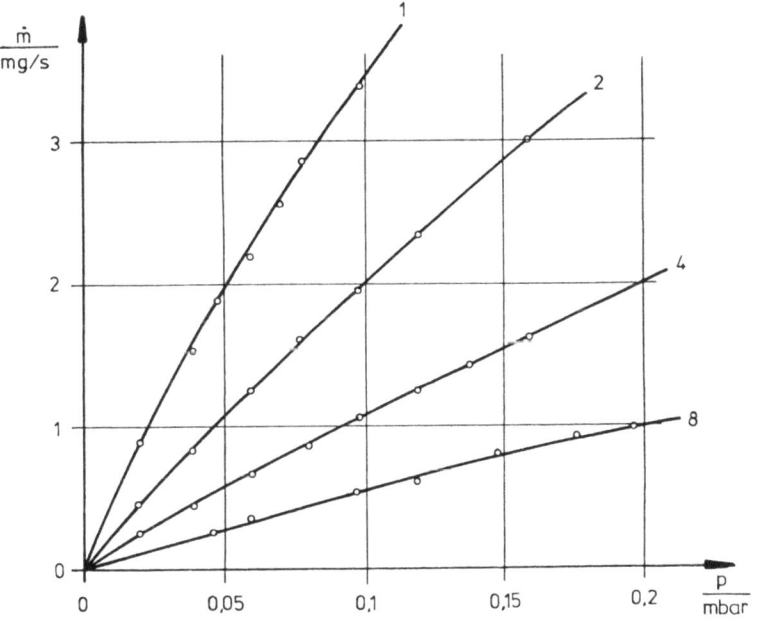

Bild 4.3 Widerstandskennlinien für das Metallnetz Typ 3. Netzdurchmesser d = 2 mm. Anzahl der hintereinandergeschalteten Netze als Parameter.

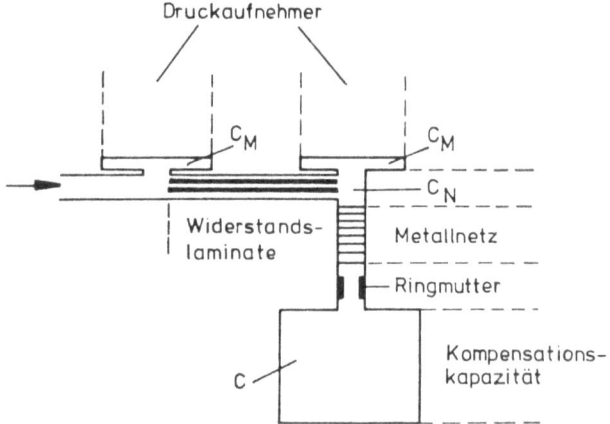

Bild 4.4 Prinzipieller Aufbau des Lag-Lead-Netzwerkes

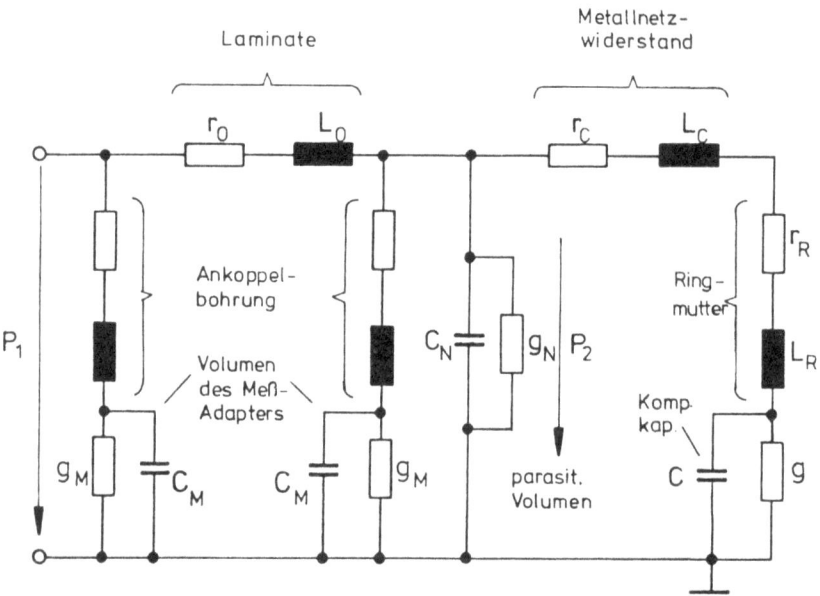

Bild 4.5 Ersatzschaltung des realen Lag-Lead-Netzwerkes

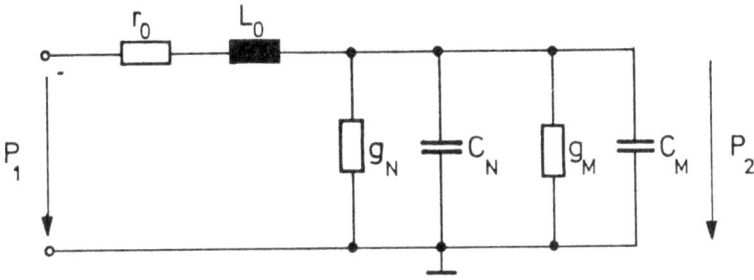

Bild 4.6 Ersatzschaltung der Meßanordnung bei Leerlauf ohne Kapazität C und Vorwiderstand r_C

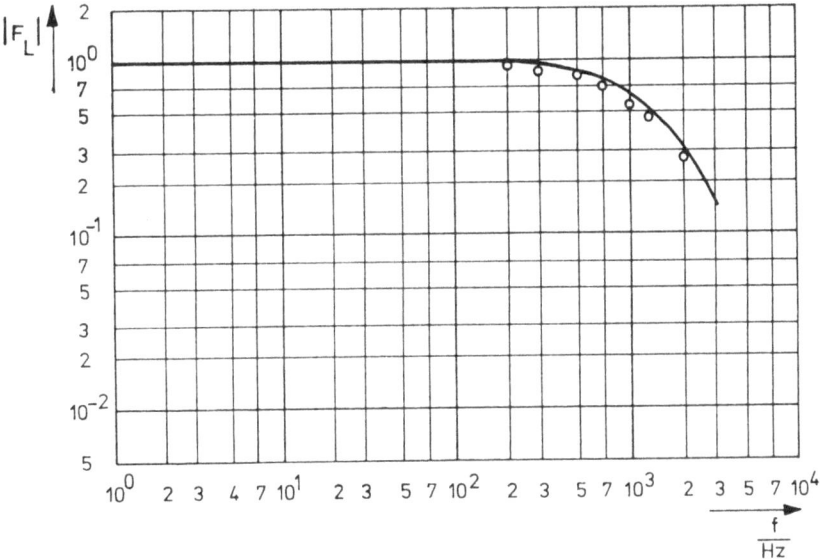

Bild 4.7a Amplitudengang der Meßanordnung nach Bild 4.6

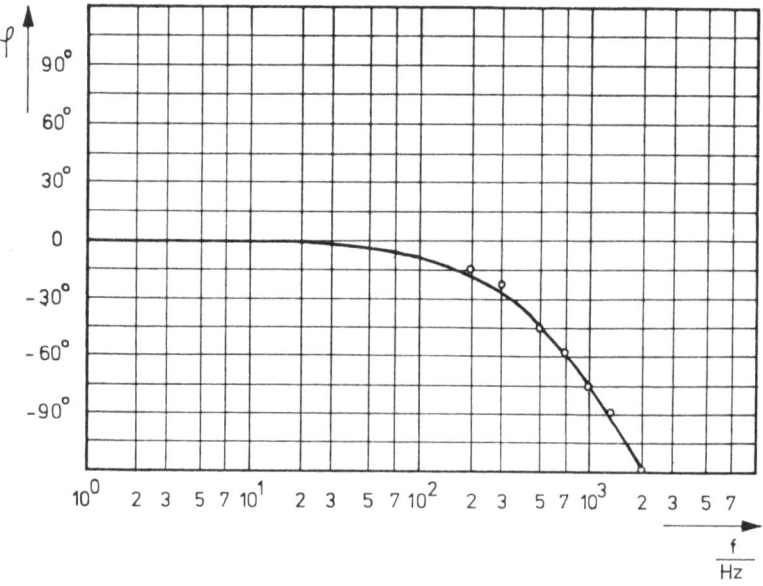

Bild 4.7b Phasengang der Meßanordnung nach Bild 4.6

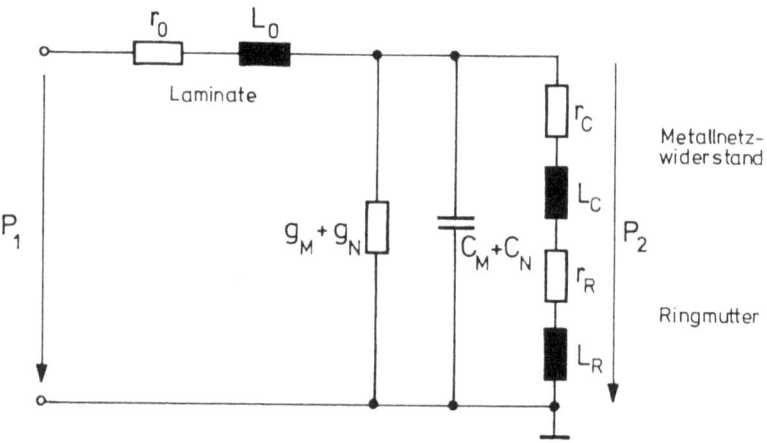

Bild 4.8 Ersatzschaltung der Meßanordnung mit Metallnetz-
Widerstand und ohne Kapazität

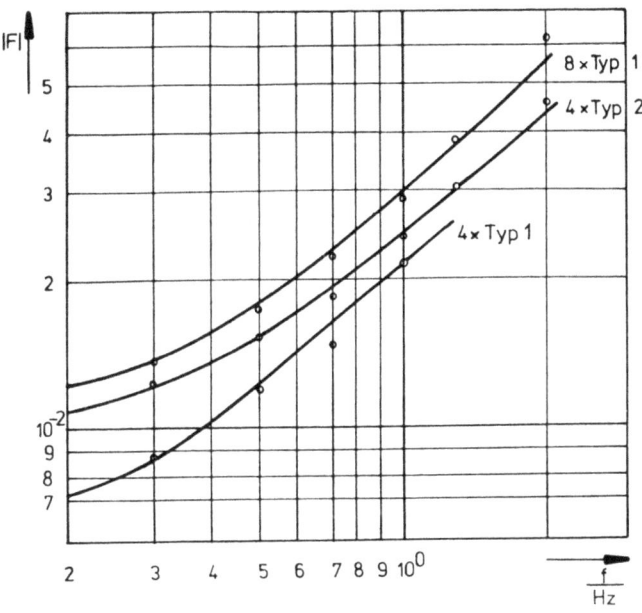

Bild 4.9 Amplitudengang der Anordnung nach Bild 4.8 für unterschiedliche Netz-Widerstände

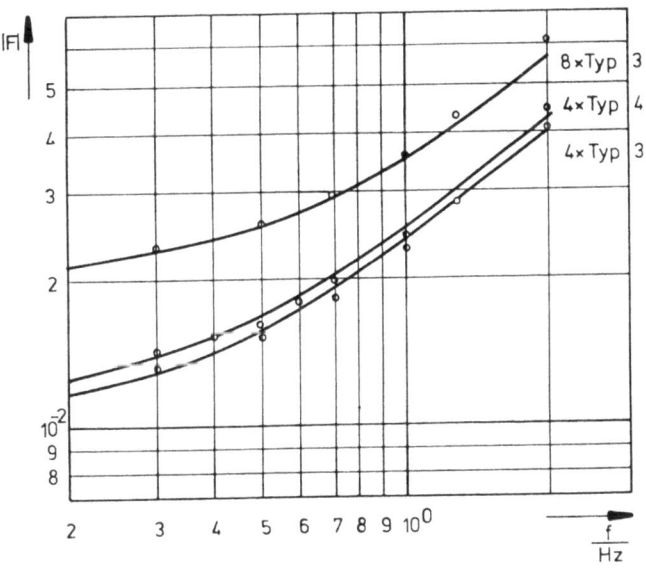

Bild 4.10 Amplitudengang der Anordnung nach Bild 4.8 für unterschiedliche Netz-Widerstände

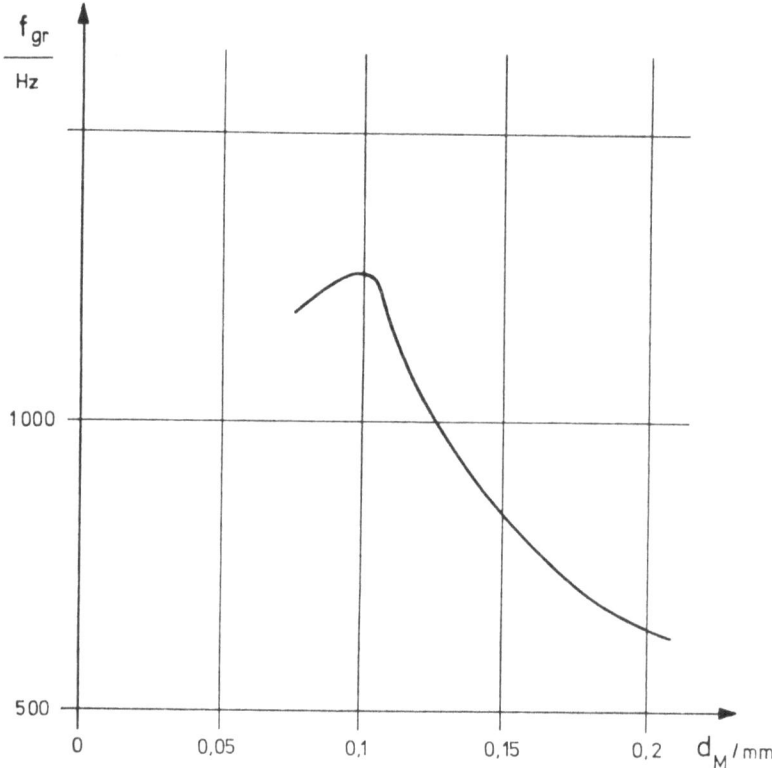

Bild 4.11 Grenzfrequenz der Metallnetz-Widerstände als Funktion der Maschenweite

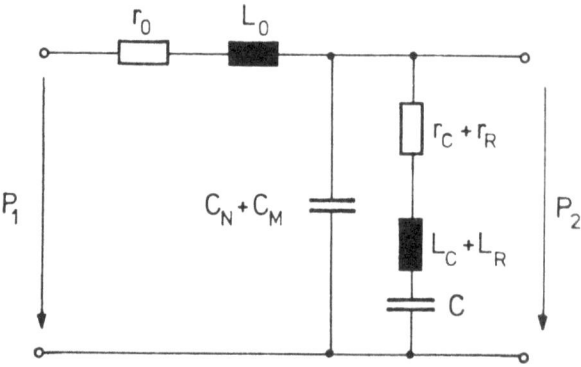

Bild 4.12 Ersatzschaltung des realen Lag-Lead-Gliedes

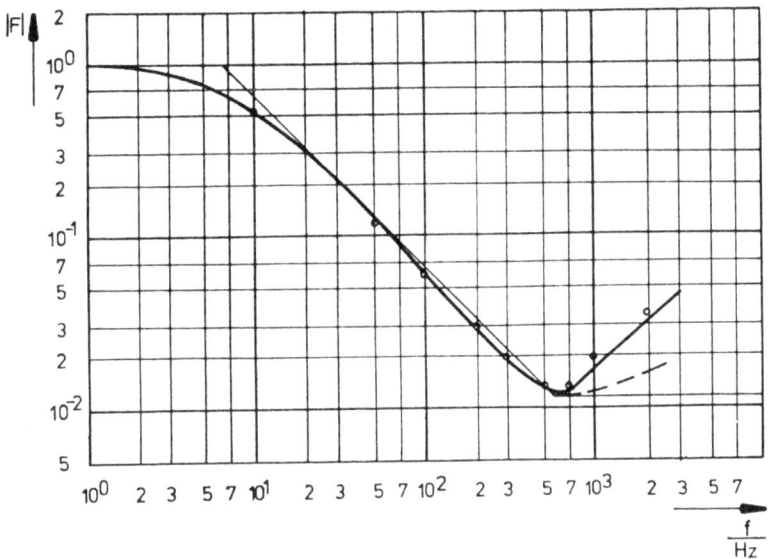

$r_0 = 0{,}825 \cdot 10^9 (sm)^{-1}$, $r_C = 9{,}32 \cdot 10^6 (sm)^{-1}$ = 4x Typ 4
$C = 2{,}96 \cdot 10^{-11}\ s^2m$, $L_k = 1975\ m^{-1}$

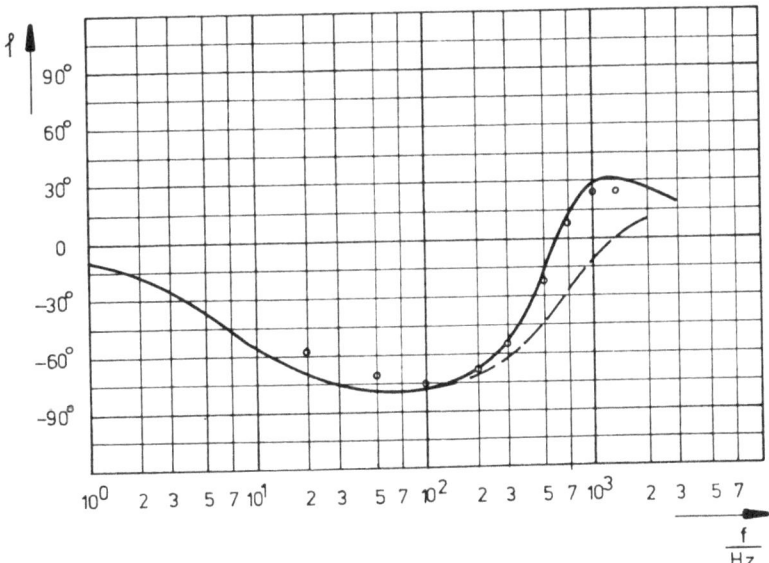

Bild 4.13 Frequenzgang des realen Lag-Lead-Gliedes

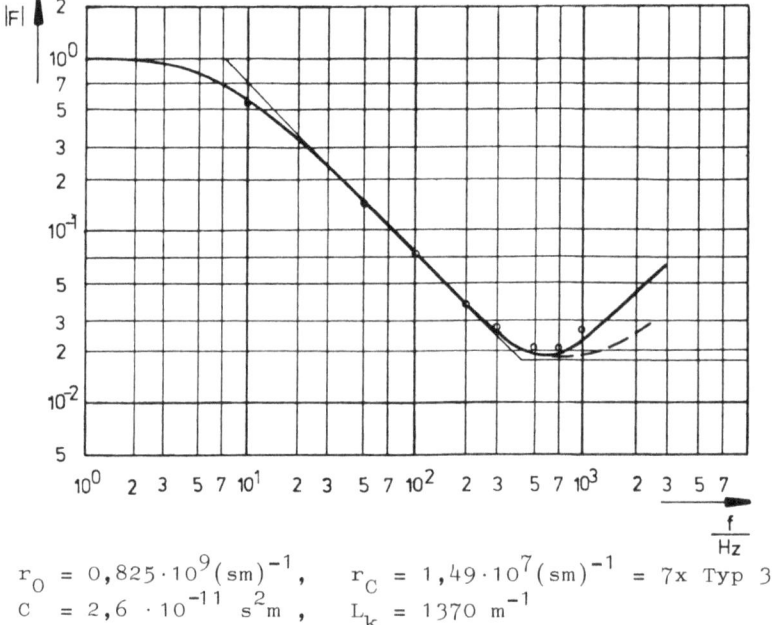

$r_0 = 0{,}825 \cdot 10^9 (sm)^{-1}$, $r_C = 1{,}49 \cdot 10^7 (sm)^{-1}$ = 7x Typ 3
$C = 2{,}6 \cdot 10^{-11}$ s²m, $L_k = 1370$ m^{-1}

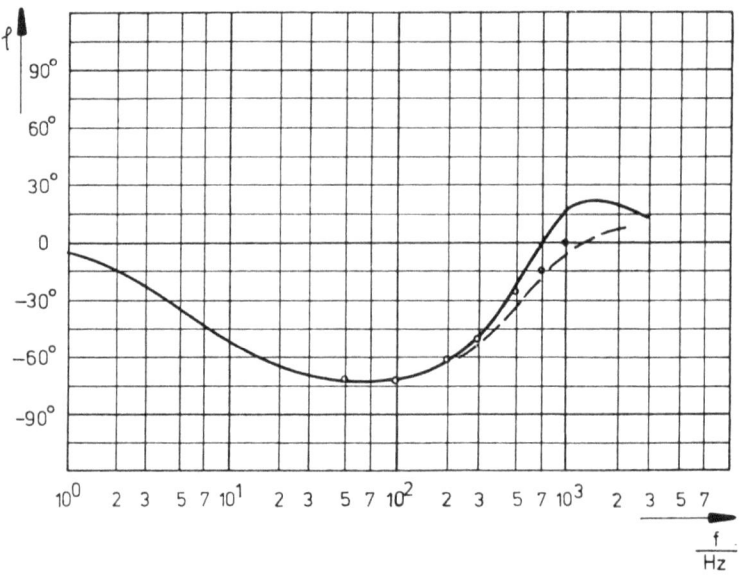

Bild 4.14 Frequenzgang des realen Lag-Lead-Gliedes

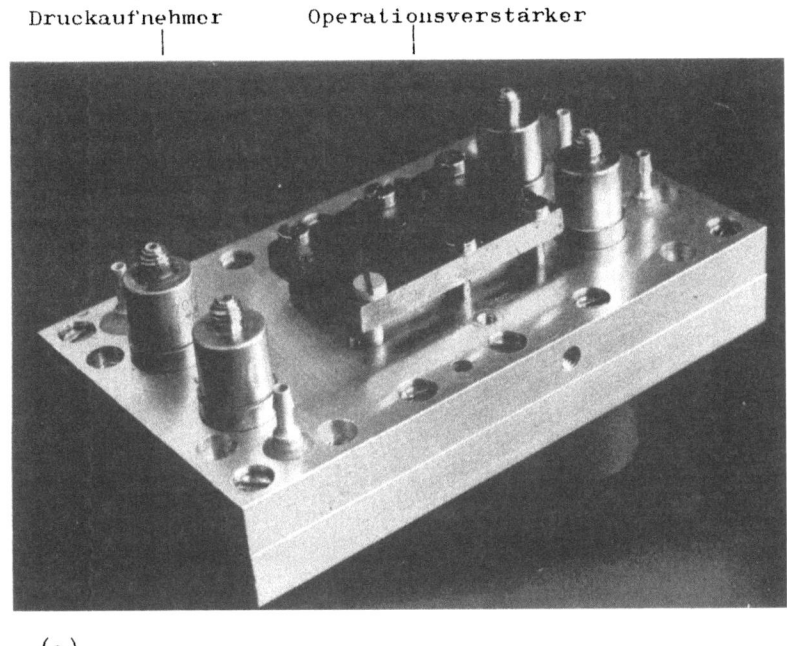

(a)

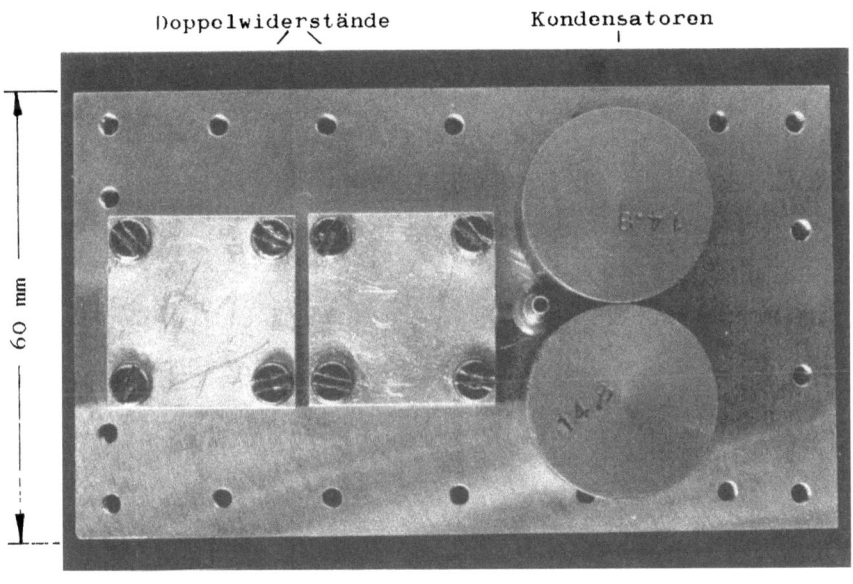

(b)

Bild 5.1. Proportionalverstärker, Oberseite (a) und Unterseite (b)

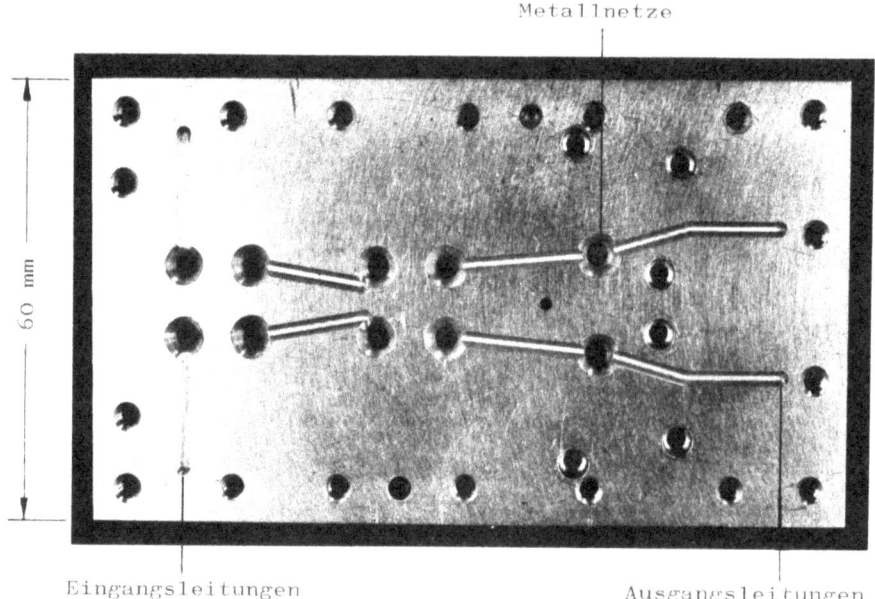

(a) Unterplatte mit Verbindungsleitungen

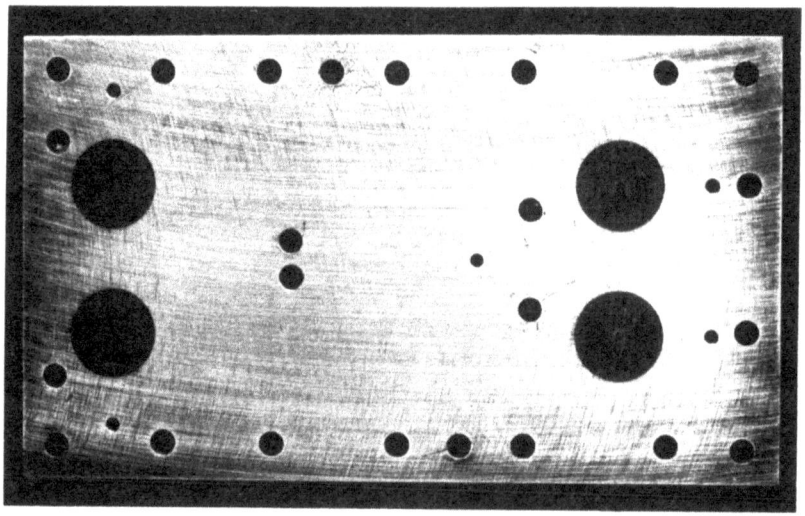

(b) Oberplatte mit Bohrungen für OPV und Druckaufnehmer

Bild 5.2 Innenseiten der Trägerplatten

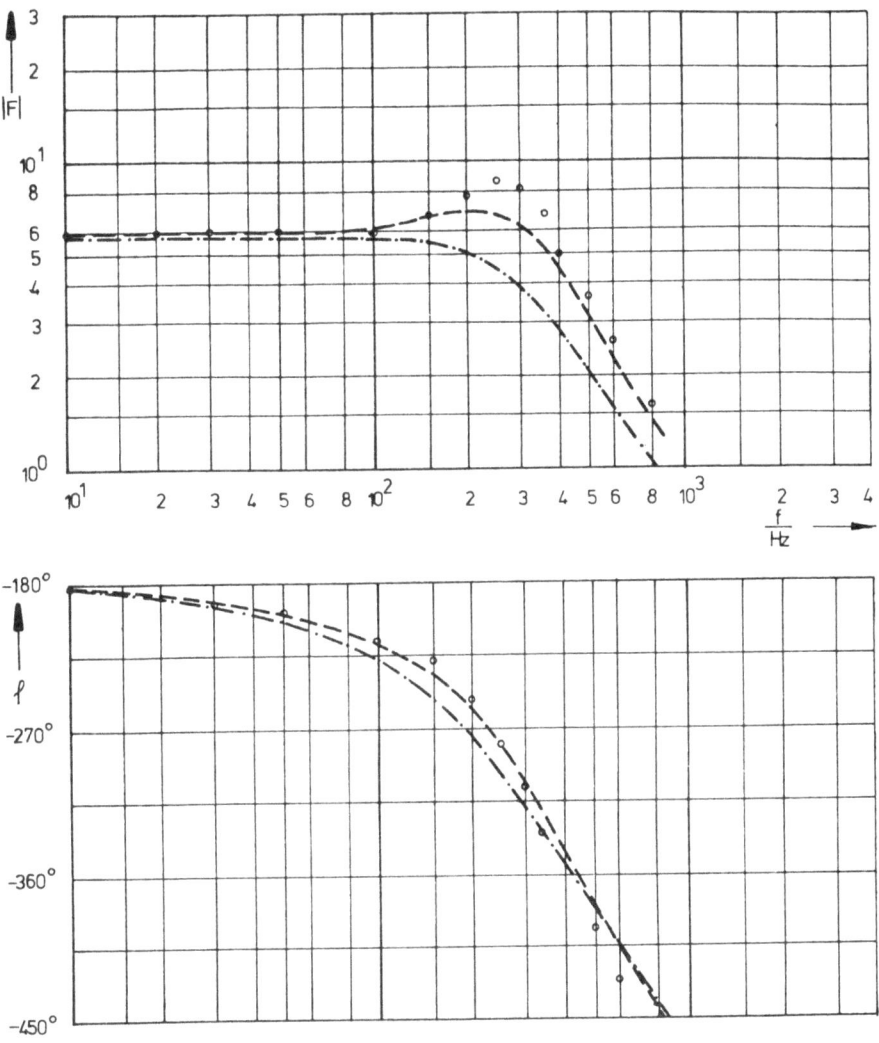

Bild 5.3 Frequenzgang eines Proportionalverstärkers mit Lag-Kompensation

$r_1 = 1,8 \cdot 10^9 (sm)^{-1}$, $\qquad r_2 = 11,8 \cdot 10^9 (sm)^{-1}$,
$r_L = 3,46 \cdot 10^8 (sm)^{-1}$, $\qquad C = 3,0 \cdot 10^{-11} s^2 m$

— — — — $\alpha_R = 61°$; $A_R = 2,7$
— — — · $\alpha_R = 73°$; $A_R = 3,7$

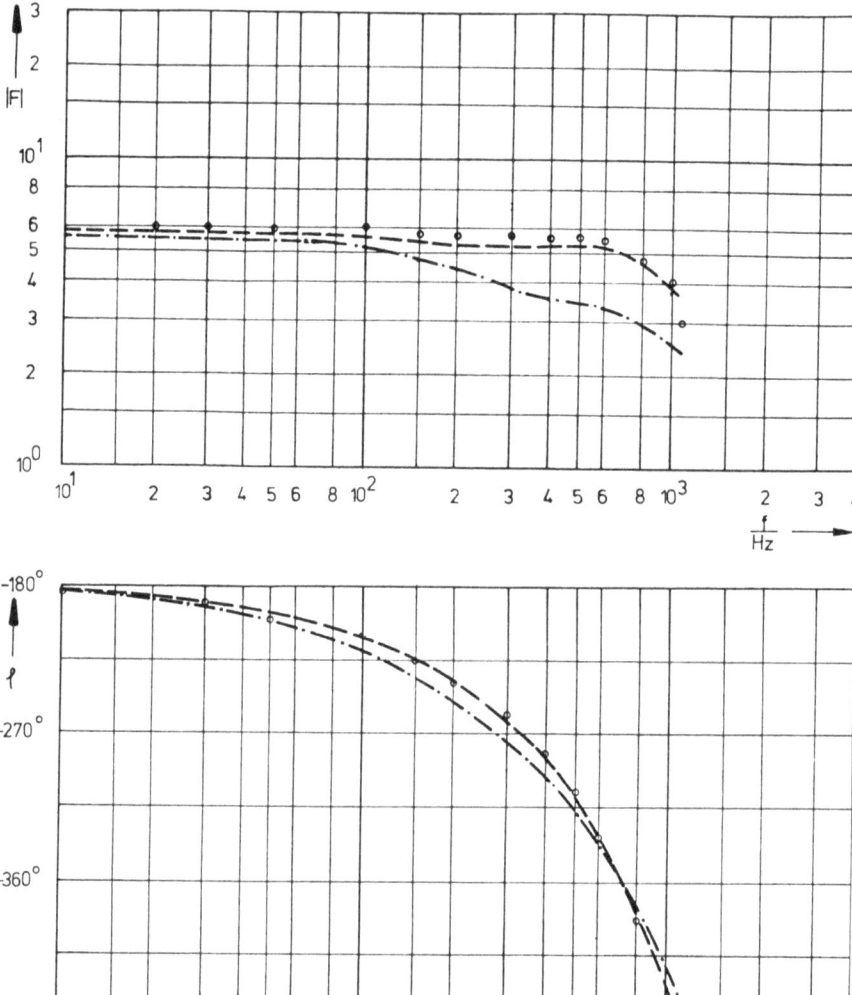

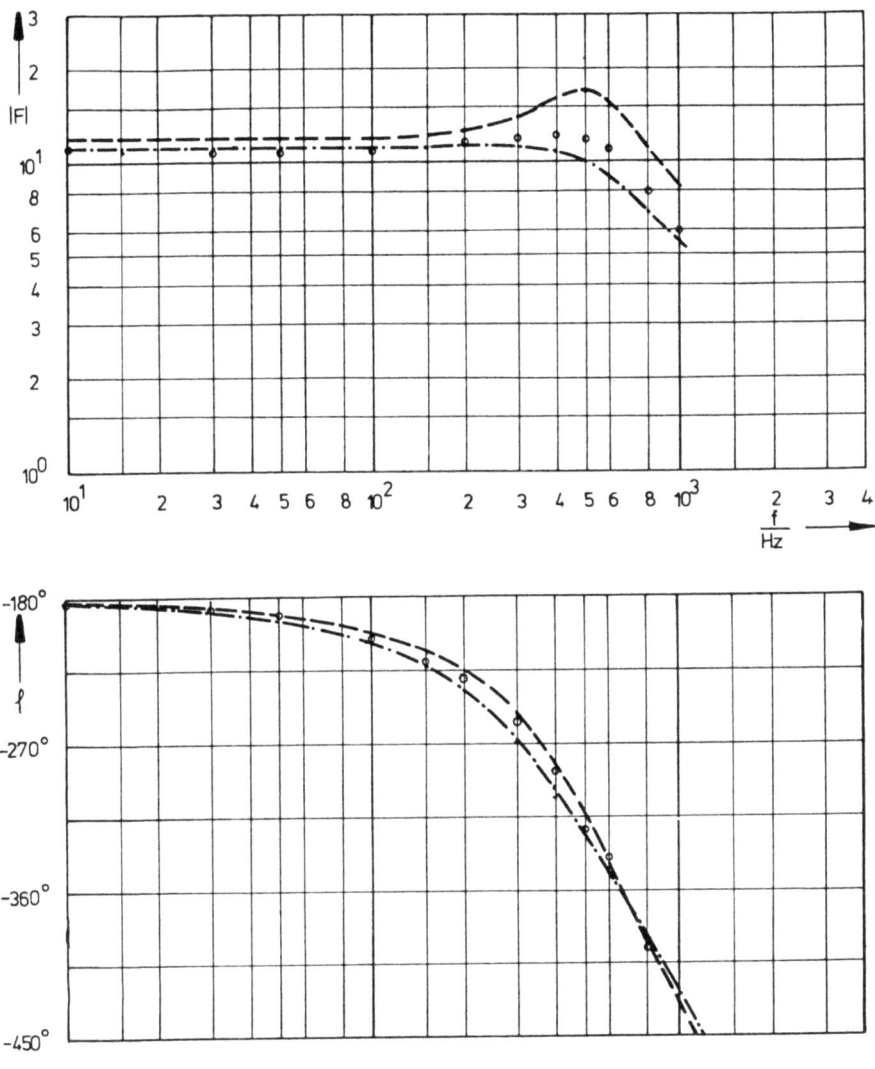

Bild 5.5 Frequenzgang eines Proportionalverstärkers mit
Lag-Lead-Kompensation
$r_1 = 0{,}9 \cdot 10^9 (sm)^{-1}$, $r_2 = 11{,}8 \cdot 10^9 (sm)^{-1}$; $r_L = 3{,}36 \cdot 10^8 (sm)^{-1}$
$r_C = 1{,}2 \; 10^7 (sm)^{-1}$, $C = 1{,}68 \cdot 10^{-11} s^2 m$
$\alpha_R = 58{,}4°$; $A_R = 2{,}05$
$\alpha_R = 71°$; $A_R = 2{,}74$

If you have any concerns about our products,
you can contact us on
ProductSafety@springernature.com

In case Publisher is established outside the EU,
the EU authorized representative is:
**Springer Nature Customer Service Center GmbH
Europaplatz 3, 69115 Heidelberg, Germany**

Printed by Libri Plureos GmbH
in Hamburg, Germany